经典科学系列

可怕的科学
HORRIBLE SCIENCE

改变世界的科学实验

EXPLOSIVE EXPERIMENTS

〔英〕尼克·阿诺德/原著　〔英〕托尼·德·索雷斯/绘　郭景儒　邓其仁/译

U0257162

北京出版集团
北京少年儿童出版社

著作权合同登记号

图字:01-2009-4329

Text copyright © Nick Arnold

Illustrations copyright © Tony De Saulles

©2010 中文版专有权属北京出版集团，未经书面许可，不得翻印或以任何形式和方法使用本书中的任何内容或图片。

图书在版编目(CIP)数据

改变世界的科学实验/（英）阿诺德（Arnold，N.）原著；（英）索雷斯（Saulles，T. D.）绘；郭景儒，邓其仁译 . —2 版 . —北京：北京少年儿童出版社，2010.1（2024.10 重印）

（可怕的科学·经典科学系列）

ISBN 978-7-5301-2365-2

Ⅰ.①改… Ⅱ.①阿… ②索… ③郭… ④邓… Ⅲ.①科学实验—少年读物 Ⅳ.①N33

中国版本图书馆 CIP 数据核字（2009）第 183436 号

可怕的科学·经典科学系列

改变世界的科学实验

GAIBIAN SHIJIE DE KEXUE SHIYAN

［英］尼克·阿诺德　原著

［英］托尼·德·索雷斯　绘

郭景儒　邓其仁　译

*

北 京 出 版 集 团
北 京 少 年 儿 童 出 版 社　出版
（北京北三环中路6号）

邮政编码:100120

网　　址：www . bph . com . cn

北 京 少 年 儿 童 出 版 社 发 行
新 华 书 店 经 销
北京雁林吉兆印刷有限公司印刷

*

787 毫米×1092 毫米　16 开本　12 印张　60 千字
2010 年 1 月第 2 版　2024 年 10 月第 62 次印刷
ISBN 978 - 7 - 5301 - 2365 - 2/N · 153

定价：29.00 元

如有印装质量问题，由本社负责调换
质量监督电话：010 - 58572171

目 录

关于本书

欢迎你打开《改变世界的科学实验》这本书！

这是一本为你提供各种实验，带你体验实验的"恐怖"与乐趣的书，也是一本关于实验指南的书，还要介绍一些成功的实验者。

由于《改变世界的科学实验》是"可怕的科学"丛书中的一本，你将会遇到一些令人毛骨悚然的人，像……

▶ 将孩子给狗吃的人。

▶ 把仆人当靶子的军人。

▶ 将蝙蝠放在飞行的炮弹中的科学家。

以及一些非常古怪的人……

▶ 将自己的指尖溶掉的科学家。

▶ 称树的重量的博士。

下面你将听到一个真正可怕的实验……就像下边所描述的。1962年，在美国耶鲁大学，一名志愿者被告知要对隔壁房间里的一个人进行电击。于是这名志愿者按要求给那个人越来越强的电击。是吧，多么令人痛苦，并且听起来像是谋杀！

现在接着读……

致命的电击

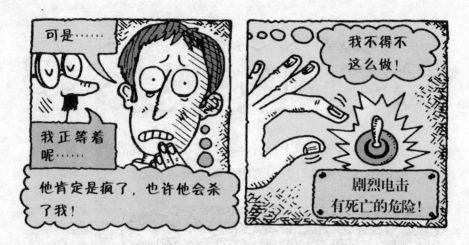

那么，接着发生了什么？

这个人被电击死了吗？这个志愿者被那名科学家杀死了吗？

好吧！你会在第52页找到答案——但现在是探索《改变世界的科学实验》的恐怖旅程的时候了。那么翻开这一页——哦！别忘了你的试管！

测试时间

设想在一个科学会议上，科学家们在相互交流他们的研究成果。你看，他们正高兴地品着茶，悠闲地聊着天。突然，一位年轻的科学家提出了一个爆炸性的新观点……

但其他科学家不同意……

争论变得激烈起来，一会儿便动起了手……

让人欣慰的是，为了及时避免流血事件，一位权威的科学家提出了一个明智的建议。

是的，实验能帮助科学家检验他们新颖的科学观点（避免打群架）。计划周密的实验能证明他们所维护的观点是真理呢，还是一大堆陈旧的废话。

那么，究竟什么是实验呢？

嗯，我很高兴你能提出这个问题（你的老师常常这样说）。实验是被设计来检验一个科学研究的想法是否正确的实践活动。所有实验科学家都要仔细观察，并记录实验结果，而且经常要多次重复实验来验证结果。

实验对于科学家而言是很重要的——美国科学家理查德·费因曼（1918—1988）这样说。他发现了一种新的光的理论……

想一想……无论老师讲的是什么，如果不能被实验证实，那么它就不是科学事实！

好奇怪的表达方式

答案

　　假说是一种没有被实验证明的科学观点的时髦用语。

　　什么！你已经知道实验是怎么回事了吗？在学校你已做了大量实验？那么，为什么不用实验来检验一下你所学的知识呢？

奇怪的科学提问

　　下面有10个实验（有一些从总体上说并不危险）。即使对最发狂的科学家来说，哪3个是最无聊、最没有可能发生的？请你判断。

2. 从六层楼上向窗外扔奶油蛋糕

1. 沿海堤跑，并跳入海水中。目的是跳海！

3. 将腌菜通电，然后吃了它

4. 重复让一片烤面包掉在地上

5. 在太空中玩蹦极跳

6. 长时间观察早餐中的谷类食品被浸泡的过程

7. 教信鸽辨别不同艺术家的作品

8. 教一只潮虫阅读

9. 发现了一种使袜子变脏、多汗且闻起来有一股干酪味的化学物质

10. 在大雨中试一试：跑或走到避雨处，哪一种情况下衣服更湿一些呢？

答案

1. 错误。

2. 正确。美国得克萨斯州赖斯大学的学生试图发现从高处扔蛋糕的结果（可笑的想法）。他们发现蛋糕吧嗒一声掉在地上，被摔烂了。哎哟！那的确能给人启迪！

3. 正确。美国的数字设备公司里的一组工程师这样做了。他们说通了电的腌菜有股腐烂的恶臭味，但尝起来味道不错。如果腌菜有毒，那他们就麻烦了！

4. 正确。英国科学家罗伯特·马修斯发现通常是烤面包涂有黄油的一侧先落地——我希望你不要太吃惊！

5. 错误。顺便说一下，你想在太空中玩蹦极跳——那不可能。由于没有地球引力的影响，你的身体将失重。事实上，你哪儿都落不下去。

6. 正确。美国诺维奇的一组科学家就是这么做的，目的是调配他们中某位所描述的"最佳谷类食物早餐"。周一早晨，当你爸爸正匆忙地发动引擎，唯恐你上学会迟到时，而他们应该还在实验室里大聊特聊该怎样吃谷类食物呢！

7. 正确。日本庆应大学的科学家教信鸽辨别艺术家毕加索和莫奈的画。请听好，是"辨别"，而不是让讨厌的信鸽扑通一声撞到天价的画作上，弄脏了那伟大的作品。

8. 错误。

9. 正确。一队日本人就这样做了。我敢打赌，他们的实验一定让他们觉得有种昏头涨脑的感觉——果真如此吗？对，他们不停地流着鼻涕，因为脚丫奇臭无比！

10. 正确。两位美国科学家这样做了。一个走了100米，另一个跑了100米。走的那个衣服湿了40%——如果真有这么愚蠢的实验比赛，我敢肯定他们能成为"淋雨"冠军。

怎样开始的？

也许你要问了，到底是谁发明了实验？谁激发了科学家的古怪的行为？对于学校设置的那些乏味的科学实验，该谁负责？嗯，我认为这一切的源头可能要追溯到一位古埃及的国王……

很久很久以前，人们还不懂得什么是科学的时候，就不得不通过实验来验证一些事实。你尝试做某件事——如果成功了，它就是对的；反之，就是错的。

直到古埃及统治者萨美提克一世法老（公元前663—前609）时代之前，还找不出一个称得上缜密的实验。这个法老很想知道孩子出生后天生就会说话，还是要别人教才会说话。因此，他把两个新生婴儿关了起来，不让任何人和他们说话，这应该算是世界上第一个实验吧。事实上，这也是世界上第一个残忍的实验。假如你是那个时代的法老，或许就不会有如此残忍的行为了吧！——哦，那个时代就是这么不平等！

结果，实验并没有像法老设想的那样高明。为什么呢？因为愚蠢的法老忘记了，不应当让婴儿听到任何声音。结果是他们听到了绵羊的叫声，于是他们也开始咩咩地叫。这个愚蠢的国王竟然误认为婴儿在用一种人们听不懂的婴儿语言在交谈呢！

实际上，婴儿是通过听和模仿成年人说话，从而学会说话的。因此，世界上的第一个实验是世界上第一个失败的实验。

但这可不是最后一个哟！

随后的几百年里，没有人再做实验，法老寻求真相的实验方法被人们渐渐淡忘了。但该方法是如此之妙，以至于后来又被重新效法。如1269年，在意大利的战争中，一名法国工程师皮埃尔·德·马里古（1220—1290）由于无聊而做了一些关于磁铁的实验。他发现即使多次切断磁铁，磁铁两端仍是磁力较强的区域。我们称为磁北极和磁南极——尽管你看不见北极熊在磁铁上昂首阔步。

接下来的几百年里，关于做实验的记录如同不喜欢吃绿色叶子的毛虫一样罕见。因此我们迅速前进到1583年，一位名叫伽利略的少年坐在意大利比萨大教堂里，当时正举行一场特别乏味的布道会。你能想象得到那个场景吗？如果不能，那么就对比一下学校的科学课堂吧！

一只大灯笼懒洋洋地在微风中摆动，伽利略悠闲地数着它摆动的次数。数着数着，他觉得越来越有趣，他用脉搏跳动来计算灯笼的摆动次数，并领悟到了一些令人着迷的东西。我敢肯定灯笼摆动与脉搏跳动之间进行了一场比赛！伽利略是一个爱动手的孩子，他喜欢帮助做音乐家的父亲校准乐器，只要从教堂回到家里，他就做一些实验……

你能像伽利略那样做实验吗？

伽利略的笔记本上记录了下面的实验。你能模仿他的实验吗？

神秘的摆

那么，灯笼怎么了？我发现即使摆动幅度改变，它也以不变的速率摆动。但是那没有意义，因为你会以为每摆动一次，摆幅长的摆比摆幅短的摆花的时间长。

继续 ➡

我将用一个小实验来验证——我确信我肯定能发现单摆的原理。

用具：

有秒针的手表

一些橡皮泥或黏土

一条46厘米长的线

做法：

1. 捏一个直径为1厘米的橡皮泥球（就像在家用面粉做的丸子），把线的一端捏进小球中，制成摆的样子。

2. 再用一些橡皮泥将线的另一端粘到桌边。

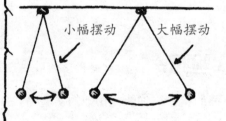

小幅摆动　　大幅摆动

3. 让球摆动，用表分别计10次大幅度摆动与小幅度摆动所用的时间。

结果：

我特别想知道哪一种摆动花的时间长，是摆幅大的还是摆幅小的，也许它们所用的时间是一样长的，而且我还发现

哎呀——对不起读者，看起来笔记剩余的部分丢失了，如想知道结果，你必须亲自实验！

一封来自著名的历史学家的信……

亲爱的"可怕的科学"主编先生：

所谓的伽利略的笔记本看起来似乎是赝品，因为那时黏土、橡皮泥和手表还没有发明出来。正如我在《伽利略自传》中第596页所解释的那样，他用脉搏跳动来计算实验所用的时间。我也

这儿又有25页漏掉了

你忠实的

J.B.维尔·博林

那么，你发现伽利略实验的结果了吗？

答案

如果摆（线）长一定，无论摆幅多大，每次摆动所花的时间是一样的。这就是为什么你坐在秋千上，轻轻地摆动时你就悠得比较慢，而摆得高时你就会悠得比较快——你不妨试一试！

小幅摆动与大幅摆动消耗的时间相同

虽然伽利略做实验是出于对灯笼的好奇，但是最终他发现了让祖父的钟走动准时的原理。

最终，这个实验开创了用实验来证明科学规律的实验科学，这是至今科学家们仍在沿用的传统方法。这可能会让年轻人觉得厌烦——即使是这样，你能在枯燥的科学课中，开创出属于你的伟大发现吗？

你肯定不知道！

人们认为把鸡蛋包在围巾里，再在头顶旋转，鸡蛋就能熟。这是一个愚蠢的老故事了，没有人想去验证它。也许他们认为旋转的力能将鸡蛋煮熟。尽管伽利略是名老练的科学家，但是实际上他真的做了这个实验。可惜，鸡蛋还没有熟，蛋清和蛋黄就流得相信这个说法的人满脸都是了！

遗憾的是，我们没有足够的精力来讲述每一位做实验的科学家的故事——但是，这里要特别提及那些爱在公共场合炫耀的科学家。两百年前，看做实验要比看电影更流行（实际上这一点儿也不奇怪，因为那时电影还没有发明呢）。

有一个地方应该拜访，那就是英国皇家学会。在那里，米歇尔·法拉第（1791—1867）是一颗耀眼的明星。今天我们都知道法拉第因发明电动机而闻名——但是在那个时代，他却是以公开实验而出名的。其中之一是，法拉第站在一个用金属栏围成的笼子里，并让10万伏电压的电通过金属栏，笼子产生火花并噼啪作响，但是能量只在金属中传递，而站在笼子里的法拉第却是安全的。

一名观众简·波洛克女士像充了电似的兴奋。

你看见过你的科学老师眼里，有光芒在闪耀吗？（我们所指的不是在科学课考试前，老师眼里那"不怀好意"的目光。）

现在，我敢肯定你正急于想试试用铁丝做的笼子困住你养的大鼠，而且还打开了几个电源的开关。但是，如果你想成为一个真正的科学家，你就必须正确地做实验。因此，首先……

规则必读

它们是如此的重要，以至于我们花了大价钱让出版商将它们刻在了石头上——糟糕，砸着我的脚了。

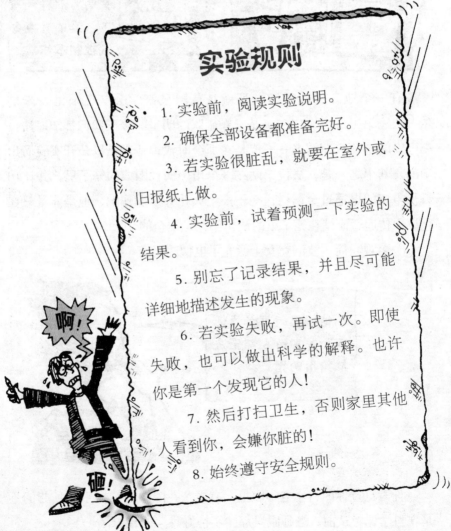

实验规则

1. 实验前，阅读实验说明。

2. 确保全部设备都准备完好。

3. 若实验很脏乱，就要在室外或旧报纸上做。

4. 实验前，试着预测一下实验的结果。

5. 别忘了记录结果，并且尽可能详细地描述发生的现象。

6. 若实验失败，再试一次。即使失败，也可以做出科学的解释。也许你是第一个发现它的人！

7. 然后打扫卫生，否则家里其他人看到你，会嫌你脏的！

8. 始终遵守安全规则。

啊！

砸！

是的，这是安全秘法。它是一套必须遵守的规则。它是如此重要，以至于成为一种神圣的、被一代一代的可怕的科学家流传下来的遗产。尽管它有点皱皱巴巴的但仍很重要。因此，一定要阅读下面这部分……

古老的安全秘法

做实验时遵守这些规则，你就不会受到伤害。不遵守规则，说不定它会要你的小命，至少用光你的零花钱。

1. 一旦混合了化学试剂或准备好了仪器，一定要做标记，以便家里人知道它是什么东西，并把它放在安全的地方，以免你的弟弟、妹妹触碰它。

2. 做完实验，把水池中的化学物质冲洗掉，以免你的弟弟、妹妹不小心把它吃掉。

3. 处理完化学物质后，一定要洗手。否则，作为惩罚，你必须吃肥皂条。

4. 决不，决不，决不要（这儿有千万个决不）用电压高的动力电做电实验（包括模仿法拉第）。否则你也许与法拉第的结局一样（对——你将像他那样死去）。

5. 让大人帮你做切、煮、加热等环节——否则，你有可能被开水烫伤。

继续

6. 在没有得到弟弟、妹妹、教区牧师、爸爸、妈妈，以及家庭宠物的同意时，别拿他们做实验。（只要不造成太大的疼痛，你可以用老师做实验，开玩笑的！）

祝贺你看完了！

当心这些警告语……

可怕的家庭警告！

警告你不要成为捣乱分子。

可怕的危险警告！

告诉你危害是什么，并且要你永远当心！

可怕的脏乱警告！

注意那些杂乱的实验，不要扰乱了环境。

可怕的困难警告！

告诉你当实验遇到难题时，你可能需要找大人帮你一起完成……

推迟？哦，不要这样！帮手已经来了……

重要通知

"可怕的科学"丛书用了大量资金贿赂了一批高级科学专家，使我们有幸浏览一下他们的实验笔记，你可以自己模仿做这些实验！噢，不仅如此——在善意的劝说包括拿出大卷钞票之后，他们甚至同意为这本书专门写一些有关实验的提示！在后面，他们可能会突然出现在本书中，不用着急，你先跟他们打个招呼吧。

格雷姆格里夫医生，全世界最可怜的医生。

这张相片真有必要保留吗？

遇到你无比高兴！

冯肯斯坦教授花了多年时间去做绝密的大脑实验。

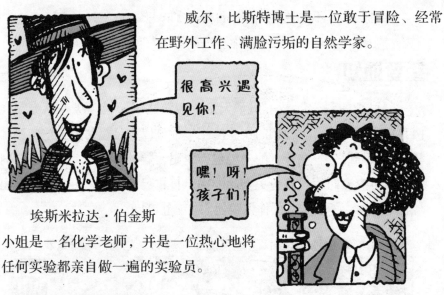

威尔·比斯特博士是一位敢于冒险、经常在野外工作、满脸污垢的自然学家。

很高兴遇见你!

嘿!呀!孩子们!

埃斯米拉达·伯金斯小姐是一名化学老师,并是一位热心地将任何实验都亲自做一遍的实验员。

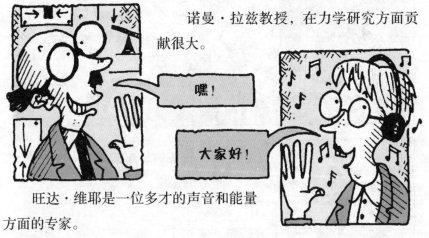

诺曼·拉兹教授,在力学研究方面贡献很大。

嘿!

大家好!

旺达·维耶是一位多才的声音和能量方面的专家。

天才的布热芙教授是研究电、磁、光的发明家,据说她还是个艺术家。

大家好——今天我们有多么惊人的强烈的电磁波啊!

我们将从格雷姆格里夫医生的医学实验开始……

嘿！嘘！安静一会儿——你能听见那噪声吗？

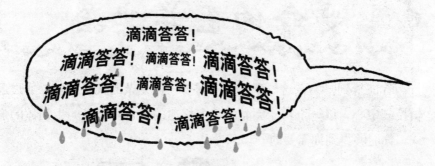

听起来像是从死人身体上往下滴血般恐怖。是的，下一章我们要用你的身体做恐怖的绞痛实验，好可怕啊！

要命的医学实验

你能猜到吗？在这一章，你不需要任何复杂的实验设备！通过逻辑控制中心，以一个功能完整的、多用途的、自我修复的生物体的形式，你能够得到你需要的一切。

换句话说
就是——
你的身体

像格雷姆格里夫博士这样的医生，懂得身体是如何工作的，以及为什么它会产生令人厌恶的噪声和气味。但是，他们是如何知道这些的呢？答案是：这些医生都把做医学实验作为基本功训练的一部分。这里有一些他们所做实验的记录，要储存到你的逻辑控制中心里去。

令人震惊的医学实验档案

名　称：医学实验

基本情况：1. 科学家需要对活体进行实验来发现药物是否发挥作用，并研究身体是如何工作的。

什么？我开始做实验时，他还是活着的。

2. 通常，他们在动物，比如老鼠和猴子身上做实验。但在最近几年，一些实验已经试着在人的皮肤上做——这些皮肤是在实验室里培养起来的。

爆炸性细节：1. 一些科学家已经在他们自己或者志愿者身上进行实验。

每天吃六片这种生发药。

（一周以后）……噢！以后每天一片就可以了。

2. 但是有时候人们被强迫参加一些致命的实验。你就继续看看这些不幸的事实吧……

其中一个最早进行医学实验的科学家是一个勇敢的医生，他曾经不得不躲避炮弹。他的名字是……

可怕的科学名人堂

威廉·哈维（1578—1657）　国籍：英国

威廉·哈维出生在四月的愚人节那天。要不是有六个兄弟，那一天也不是太坏。你愿意有六个讨厌的兄弟在你的生日那天，搞恶作剧破坏你的心情吗？

威廉学习医学。作为训练的一部分，他除了上课，还要观看解剖死人。这是一种受欢迎的娱乐形式。人们聚集在一起看恐怖的场面——哇，停尸间里可真热闹。

后来，威廉成了英国查尔斯一世国王的御医。这是一个令人兴奋的工作，因为国王正处在和他的下院的争斗之中。1642年，国王和他的儿子们正在视察战场，炮弹嗖嗖地飞近，使人感到很不舒服。威廉医生和王子们只得缩成一团，躲在泥巴矮墙下。

在威廉生活的年代，医生们认为血液是在肝脏中形成的，并且像海水一样流经静脉。威廉确信这种静脉思想，因为身体里没有别的途径能使全部血液在仅仅几分钟内就通过心脏传递出去。血液必须每时每刻围绕身体循环流动。

受伽利略（他在意大利认识的）的影响，威廉决定做一些实验，从1616年到1628年他一直在做。他剖开活的动物，让它们的心脏保持跳动，以便进行活体观察。有时他还通过系紧某些血管来观察血液流动的途径。

威廉发现血液通过动脉从心脏流出，然后返回静脉这个更粗、壁更薄的血管里（这叫体循环）。在心脏和肺之间存在着一个独立的循环（这叫肺循环）。肺循环在血液从心脏向体动脉泵出之前已完成。他是这样解释他的工作的……

一堂血腥的科学课

我捏紧实验者的胳膊，静脉中的血液顺着血管流回心脏，而不是流向别的方向，静脉里的瓣膜就是干这个的。

噢！我感觉被捏疼了。

我拿一条带子系紧胳膊上的大动脉。

我正处在"紧要关头"！

靠近心脏的一侧，动脉血管隆起来了。

这对血液流动是有害的！

这证明动脉把血液从心脏带出。

我的胳膊已经不能动了。

不要担心——这是一个"无臂"实验。

你肯定不知道！

　　威廉·哈维的实验使医生们确信了他的有关血液循环的说法是对的。但是另外也有科学家已经有了同样的发现。1242年，阿拉伯医生伊本·安·纳福斯就是第一个发现者（在当时，阿拉伯的医学在世界上是最先进的，但是具有突破性的新发现却从来没有传到欧洲）。

后来，意大利的雷阿尔多·哥伦布（1516—1559）和西班牙作家梅格·塞尔维图斯（1511—1553）也发现了同样的现象。因为梅格的发现与当时的宗教思想有冲突，因而与宗教领袖约翰·加尔文发生了争吵。加尔文把这位科学家逮捕，绑在火刑柱上活活烧死了。我们希望他像火刑柱一样永远不朽。

科学家中的异类

有一些科学家在不情愿的受害者身上做医学实验。在第二次世界大战期间，德国医生对集中营里的犯人做了令人厌恶和痛苦的实验。这些受害者被命令必须合作，否则就要被处死。实验包括喝海水、吸毒气和被迫忍受冷冻。

为杀人而做！

西格蒙德·拉舍尔

成　就：对科学毫无价值。

方　法：把人放在大部分空气被抽走的单间里，以研究在空气稀薄的高空，飞机上的人的反应。结果，受害者在极度痛苦中死去。

你可能很乐意知道以下这些事情：由于拉舍尔对他自己的罪恶行为感到厌恶，他转变了自己的态度，起来反对希特勒。他参加了一个反纳粹组织，但是在1944年被逮捕，并被送进了集中营。他没有被用来做实验，但后来他很快就被处死了。另外几个卷入这种实验的科学家，在1945年德国战败后也被处死了。

那么你愿意亲手做几个医学实验吗？好吧，只要你不把你的小弟弟或者小妹妹当成豚鼠来做实验就行。

豚鼠　　　　　　　　　　　　　小弟弟

史上脾气最坏的物理学家——格雷姆格里夫医生的笔记本中有几个实验，你可以试着做一下。你将看到，格雷姆格里夫使杰基尔医生和海德先生看上去像劳雷尔先生和哈迪先生一样——那么在看这一章剩下的部分时，不要咯咯笑，好吗？（译注：杰基尔和海德都是英国作家史蒂文生的著名科幻短篇小说中主人公的名字，平时是循规蹈矩的好人杰基尔，每次服了自己发明的药物后就变成作恶多端的海德，药性过后又恢复人性，最后药性不退，恶性不改，难以自拔，终于自杀。）

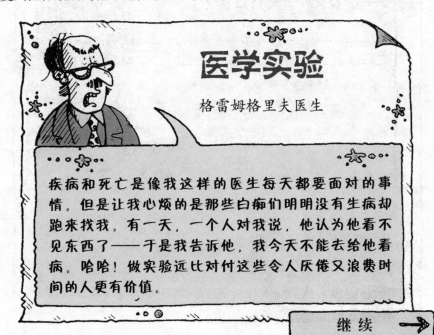

医学实验

格雷姆格里夫医生

疾病和死亡是像我这样的医生每天都要面对的事情。但是让我心烦的是那些白痴们明明没有生病却跑来找我。有一天，一个人对我说，他认为他看不见东西了——于是我告诉他，我今天不能去给他看病。哈哈！做实验远比对付这些令人厌倦又浪费时间的人更有价值。

继续　➔

27

令人迷惑的温度

需要准备的东西：

▶ 三个碗：一个盛来自于热水龙头的热水，一个盛冷水，一个盛温水（热水和冷水的混合）。为了使实验准确，必须用同样大小的碗。

▶ 在另一只手上戴上手表。

⚠ **可怕的危险警告！**

从热水龙头接来的热水特别的烫。只要比较热就可以——而不是滚烫的开水！

做法：

1. 将一只手伸进盛热水的碗中，另一只手伸进盛冷水的碗中，这样保持45秒钟。冷水使手感到有点疼，但是冷水决不会伤害人。你知道吗？——我每天早上起来都要来个令人振奋的冷水澡！

2. 把两只手同时放在温水碗里。

结果：

原来浸在冷水中的那只冷手在温水中会感到有些热，而在热水中的那只手会感到有些冷。

点评：

热和冷是由皮肤表面的感觉器官获得的感觉。这个实验证明，感觉器官并不一定总是能告诉你实际的温度。它们告诉你的是它所感觉到的是比你的皮肤更热一点儿，还是更冷一点儿。

骗子！

人为制造的呕吐

呕吐是我的病人做的一件更有意思的事情之一。人为制造的呕吐是一件有意义的科学活动。它给我的晚餐带来一个好的胃口。

需要准备的东西：

一盘剁得十分碎的胡萝卜

两块普通的消化饼干

100毫升水　　50毫升醋　　50毫升牛奶

木匙

可怕的危险警告！

一定要在成人的帮助下剁菜：格雷姆格里夫医生的处方上说是"一盘剁得十分碎的胡萝卜"，而不是"一盘剁得十分碎的手指头"！

做法：

1. 向空碗里倒半碗水。这代表嘴里的唾液"（即平时我们所说的口水）。

2. 把饼干弄成小碎块，并且和水混合在一起。这代表牙齿的咀嚼活动。

3. 唾液里含有一种叫作黏蛋白的化学物质，使唾液呈黏性。在牛奶中发现了一种与这种物质类似的成分，因此我把牛奶也加进这个混合物中。

4. 胃里产生的酸可以腐蚀很多食物，并使呕吐这个有趣的事情发生。醋里的酸也有类似的作用，因此我把醋也倒进去搅拌。

继续

5. 把胡萝卜加进去。胡萝卜以及其他有韧性的蔬菜与那些软的食物相比，能更好地承受胃酸。因此常常在呕吐物里发现胡萝卜。当然了，胡萝卜是非常有益于健康的，或者说我还没见到过一个因吃胡萝卜而身体不舒服的人，哈哈！

非常有趣！

妈妈，我不吃这个——我要吐了！

结果：

有一些小孩假装呕吐而逃学。一个有经验的医生是不会上这种愚蠢行为的当的。我建议让那些试图搞这种诡计的孩子们去吃他们在家里制作的呕吐物。你知道，这是为他们好。

身体里的热量

需要准备的东西：

▶ 一些厨房用的铝箔。

哆哆嗦嗦！

▶ 一个大布丁盆。

▶ 一间冷房子（如果房子里不够冷，实验可以在室外进行。我使我的诊疗室尽可能的冷，因为这样可以省钱，而且病人不会在这里待太久）。

▶ 一个闹钟或者厨房用定时器。

做法：

1. 把铝箔（亮面朝上）覆盖在碗的内壁。我很小心，免得把铝箔弄得太皱（还要重复使用——你知道铝箔是要花钱买的）。

2. 等到这里没有病人围着我时，把一边脸贴在碗里。

3. 就这样保持30秒钟。

结果：

感到贴在碗里的那边脸颊比露在空气中的那边脸颊略微热些。

另一面脸颊！

点评：

人体的温度大约是37℃（98.6°F），体内的热量总是向外释放——特别是皮肤表面没有被遮盖的地方。金属铝箔把大部分释放出去的热量反射回来，就是我感觉到的那样。

 # 眼球实验

需要准备的东西：

▶ 一间有一面白色或者浅色墙壁的黑暗的房子（如果墙是深色的，可以在上面贴一张白纸）。

▶ 一个有电池的小手电筒。

做法：

1. 离墙或者那张白纸60厘米处站立。

2. 把手电筒打开，使光线慢慢移向我的眼睛（不是完全对着眼睛），保持一会儿。

结果：

一个完好的、有黑道道的网状物出现在我的视野里。

好迷人呀！

点评：

我正在看我自己眼球里的血管。当然它们一直在那里，但是只有在特别的光线条件下才能被看到。眼球是迷人的人体组织，在我的个人医学收藏品里就有几个（我一直在寻找一对绿眼球，用来替换一对蓝眼球）。

获取指纹

需要准备的东西：

一些玻璃纸或是
透明塑料膜　　　　　一个放大镜　　　一些黑卡片　一些爽身粉

可怕的脏乱警告！

这是一个比较脏的实验。铺上一些报纸，否则你就会在斥责声中完成，或者中止你的实验。

擦！

做法：

1. 用手指在油亮的额头上擦一擦。

2. 在玻璃纸上按下手印。

3. 然后在玻璃纸上薄薄地撒上一层爽身粉，并把它吹走。

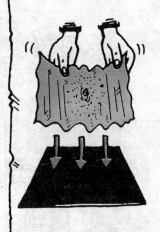

4. 最后，把玻璃纸盖在黑卡片上。在我做进一步研究之前得先洗一下手。作为一名医学教授，我懂得卫生的重要性——我希望能对我的那些身上有臭味的病人说同样的话。

结果：

指纹清晰地显现在黑色卡片上，我可以用放大镜研究。这儿有几张我鉴别过的图片：

弓形　　　　环形　　　　涡形

点评：

我在指纹上盖上一层胶带纸以防止它被擦去。上周我喜爱的墨水笔不见了，最后找到时笔尖已经折断了。我能辨别出我的同事斯尼克先生（经常找不到他的便宜又肮脏的圆珠笔的人）留在笔上的指纹。

呃！

斯尼克先生的指纹

33

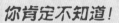
你肯定不知道!

在古代的中国，就有用指纹来识别人的记录。但是直到19世纪90年代，科学家才开始对指纹感兴趣。最初的一些指纹实验是在日本完成的，于是警方开始使用这项新技术。1905年，这项技术被用在侦破凶杀案中。依据指纹能鉴别出嫌疑犯吗？

带血的拇指指纹案件

探长：福克斯 1905年 伦敦

威廉·琼斯是一个年轻小伙子。他在老法罗先生的商店里帮忙。在五月的一个下雨的早晨，他发现出事了。当他到店里上班时，店门还锁着。小伙子破门而入，看见了法罗先生和他妻子的尸体：他们已经被打死了，钱箱里是空的，地板上有两块丝绸面纱。

一个小小的线索使警方找到了艾尔弗雷德·斯特拉顿和他的兄弟，两个当地有名的恶棍。这两个人在凶杀案的那天晚上出来过，并且在事发之前，那个年轻的弟弟被人看见藏有两块和案发现场遗留的相似的黑色面纱。这就是我们将这两兄弟与凶杀案联系在一起的全部证据。

我到塔桥镇警察局去探望艾尔弗雷德。他是一个瘦且结实的年轻男子，看上去很邋遢，胡子拉碴的。我注意到他眼睛里闪着邪恶的光。

他大声叫喊："你不能把这事胡乱归罪于我和我的兄弟！"他环抱住胳膊，挑衅地凝视着墙壁上的绿色瓷砖。"我们没有做坏事，我有权利维护自己的利益。"

"你错了，艾尔弗雷德，"我说，"这样对你没什么好处！你最好坦白，这对你比较有利。"

艾尔弗雷德朝我吐了口痰，他的脸被仇恨扭曲了。"你们这些警察都一样。你们声称你们很聪明，但是你没有足够的证据。哈，对，你们不知道真相！"

"你将他们的头盖骨击碎了！"我说，并试着使声音显得粗鲁些。但是他能看出我在吓唬他。

"哈，没错！"他冲我大喊。"但是你没有足够的证据！"然后他掉过头去，大笑起来。

我带着满脑子迷惑赶紧返回了苏格兰法院。我们必须找到更多的证据。若没有他们犯罪的确实证据，我们就不得不释放斯特拉顿兄弟。在伦敦这种地方，他们很容易在人间蒸发。

我的上级、副长官梅尔维尔·麦克纳顿正在接待一个来访者。麦克纳顿正叼着烟斗吐烟，他示意我进来。来访者是一个穿着破旧衣服、头发凌乱不堪、小耳朵长胡子、闻上去有股酸酸的化学制剂气味的小伙子。麦克纳顿命令执勤警官给他上茶。当一切都准备好了之后，来访者自我介绍说，他是亨利·福尔兹博士，是一名科学家。

"正如我所说，"福尔兹高傲地说，"当我在日本教学时，我看到了在黏土上留有陶工指纹的一个古陶器。从那里我有了指纹印的概念！

"我决定研究指纹印能否被消除。在我学生的帮助下，我们开始用砂纸磨掉我们手指的表皮，但是指纹又长了出来。因此我们又试着用酸烧掉表皮——依然不走运……"

我不安地盯着我的手指尖，就在那时茶被端了进来。

"你的意思是指纹总会长出来的？"麦克纳顿翘着他的胡子问，当他对一些事感兴趣时，总是这个样子。

"非常正确。于是，作为最后一种手段，我们用从压碎的甲虫中得到的超强酸，试着溶解我们手指尖上的指纹，结果指纹还是长出来了。"

我想象着压碎的甲虫浮在我的茶里。对不起，我的思绪开了小差，好恐怖！

麦克纳顿有些无奈地放下了他的杯子，说："是的，谢谢你，福尔兹先生，我想我们已经听够了。"

可福尔兹还没有尽兴。"因此你看，"他继续激动地说，"指纹技术的研究是我全部的工作。是的，我知道其他人——像弗朗西斯·高尔顿（编者注：英国科学家，优生学的创始人）那样的科学家——已经得到了丰厚的报酬。但是我为我的实验遭受了痛苦！如果你能给你的上级说一声，我一定可以得到合法佣金的。"

"是的，谢谢你。福尔兹先生，"麦克纳顿坚定地说，"现在我确信你的工作已经完成了……"

"但是报酬呢？"福尔兹反问道，"我有债务要付，我相信一个像我这样的人应该能得到几千英镑的报酬……"

"谢谢你，福尔兹先生。够了，别说了。"

福尔兹走了之后，麦克纳顿暴跳如雷，他把已经写好的纸条抛到废纸篓里，然后迈着大步在办公室里走来走去，并且用拳头击打着手掌。"这是福尔兹第三次来要钱了！"他说，"但是我确信指纹的确有用。带血的指纹留在了凶杀现场的钱箱上。"

我垂着下巴，喘着粗气说："我不懂你的意思。"

"塔桥镇的指纹专家从科林斯中心区打来电话，"麦克纳顿哧哧地笑着，好像在欣赏着我惊奇的表情，"他在你走后打来电话说，案发现场的指纹与艾尔弗雷德·斯特拉顿的拇指指纹相吻合。"

"那么太好了，长官，我们有证据了！"我激动地大声叫道。

"不一定，福克斯探长。陪审团还从来没有靠指纹作为证据宣布某人为杀人犯。他们仍然可以逍遥法外，然后——谁知道？——他们可能还会谋杀其他的可怜人。"

麦克纳顿突然坐下来，紧皱着眉头并用手指关节压着嘴唇。能看出来，我的老板还是一个忧国忧民的大好人。

那么接下来又发生了什么呢？

a）案子被搁下了。陪审官说："我不能信服这种新奇的科学。"

b）陪审官发现这对兄弟没有罪，他们不相信指纹。

c）斯特拉顿兄弟俩被发现有罪，并且被处以绞刑，这个故事接上前页的线索——我是指新闻。

答案

c）亨利·福尔兹告诉法庭，指纹和艾尔弗雷德·斯特拉顿的不是十分吻合。他对警官拒绝为他的工作支付报酬感到怨恨不平。但警方专家设法证明指纹会随着你压在物体表面上的力量的大小而变化。这兄弟俩最终被证实有罪并处以绞刑——所有这一切都是围绕一个实验而发生的。

你肯定不知道！

被警官发现的死尸上通常是有指纹的。一些尸体由于已经严重腐烂，唯一能得到他们指纹的办法就是剥下一根手指的表皮，再把它套在你自己的手上，就像戴手套一样。然后你把手指蘸上印泥，再按到纸上。你愿意贡献一根手指来帮助警官完成这个工作吗？

需要一只手吗？

是的，非常有趣，警官！

墨水

但是说起在尸体上工作——你准备好用你的身体，试着做几个格雷姆格里夫医生的实验吗？你能通过格雷姆格里夫医生的测试吗？

你敢……用你的身体做实验吗？

这是由我们的专家提供的有关发光测试系列中的第一个，在这里你只能通过做实验去寻找答案。为什么不亲自动手尝试一下呢？下面就是实验的全部！

医学实验

小测验

当心！

蓖麻油

格雷姆格里夫医生

我把这个测试建立在一个假设的基础上，那就是在做实验之前读者不许偷偷摸摸地看答案。如果发现有人偷看，我会亲自给他们喂蓖麻油——蓖麻油很难喝，但是它对保龄球来说是非常好的东西，你知道的。

令人迷惑的颜色

需要准备的东西：

绿色和红色的粗头记号笔，两张白纸。

涂上红色

香甜可口的花蜜。

令人喜爱的昆虫。

涂上绿色

这是一张食虫植物的图（培育食虫植物是我的一个业余爱好。它们吃苍蝇——它们不咬我的病人，太遗憾了）。

做法：

1. 将一张纸铺在这张图的上面，把图描下来。

2. 用红色的粗头记号笔把植物涂上颜色，再用绿色的笔把蝴蝶涂上颜色。

继续 ➡

3. 不眨眼地盯着这张图30秒。

4. 现在你再看另外一张白纸，你发现了什么？

凝视!

镇定!

答案

要不是你的眼睛出了毛病，你一定能看到在那张白纸上出现了那幅画。但是颜色有所改变——植物将变成绿色而蝴蝶将变成红色。我很乐意解释这一结果背后令人着迷的科学根据。可我担心我是否有那个耐心。

科学注释

那么好吧，我想我最好还是解释一下。视网膜（在你的眼球后面的部分）有三种细胞——一种看红色，一种看绿色，另外一种看蓝色（你看到的所有其他颜色都是红、绿、蓝的混合色）。但是如果你盯着看这两种颜色中的任何一种时间太长，那么看这种颜色的细胞就关闭，然后你就会看到剩下的那种颜色。

红色细胞

我要休息了——现在你将看到一株绿色的植物。

绿色细胞

我要休息了——现在你将看到一只红色的蝴蝶。

眼球

视网膜看到的影像

你肯定会觉得奇怪，细胞是组成你的身体和所有植物和动物的最基本单位。（它们和警察局的单人房间没有关系，因为它们太小了以至于无法上锁。）现在，我们回到格雷姆格里夫医生那儿……

哼哼哼……

需要准备的东西：

鼻子和两只手（在这个实验中和其他任何时间里，挖鼻子是绝对被禁止的）。

做法：

1. 小声哼哼！
2. 突然把你的鼻子捏住。

你注意到了什么？

哼哼声停止。哼哼时，你鼻腔里的空气快速颤动（颤动是一个正经的科学术语），空气从你的鼻孔里逃出。捏住你的鼻子，然后停止哼哼。据说通过使你的右鼻孔哼哼，能使你的眼球轻微颤动。哈哈！希望它们不会吧嗒一声掉下来。

在胳膊上"划"字!

需要准备的东西:

手指甲(仍然完好地长在你的手指上);你的前臂(只有当你的皮肤苍白时这个实验才能做,要是你的皮肤黑,你需要邀请一位皮肤白皙的朋友)。

做 法:

1. 在你前臂的内侧用指甲划出一个字,但是不要弄破你的皮肤。过一会儿这个字就会以白色痕迹的形式出现。

2. 现在擦一下皮肤。

划!

擦!

你注意到了什么?

答案

字呈红色!指甲在皮肤上的划痕使此处的表皮细胞隔离,使皮肤好像变得透明。再用手擦,使血管变暖,并使它们膨胀。血流到这儿,清晰地显现出来。如果这个实验让你觉得有点滑稽,我建议你去当喜剧演员,不要去打扰你的医生。祝你好运……

好了,你已经制造了呕吐,用你的眼睛、皮肤和鼻子做了实验。但是你身体上还有一部分没有涉及。是的,就是你头部那光滑的、凸起的东西。不,我不是指你兄弟的额头——我指的是大脑。

你准备好用你的大脑做实验了吗?

古怪的大脑实验

也许你的大脑看起来像酸奶做的干酪，而且还不知道是什么时候的。也许你的大脑会将最先进的微型计算机看做呆头呆脑的竹节虫。不管怎么说，大脑是人体中最奇特的部分——你会同意我的说法的。

令人震惊的大脑实验档案

名　称：大脑实验

基本事实：1. 大脑控制人体的大多数运动：记忆、感觉和个性。不觉得让人奇怪吗？尽管大脑似乎很神秘，但是科学家知道大脑各部分有不同的分工。

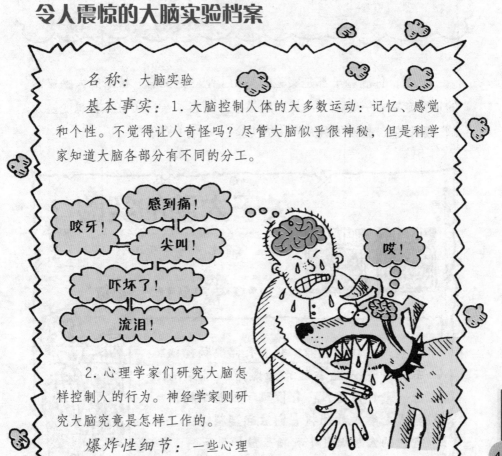

2. 心理学家们研究大脑怎样控制人的行为。神经学家则研究大脑究竟是怎样工作的。

爆炸性细节：一些心理实验正如你要发现的那样，是相当令人恐惧的……

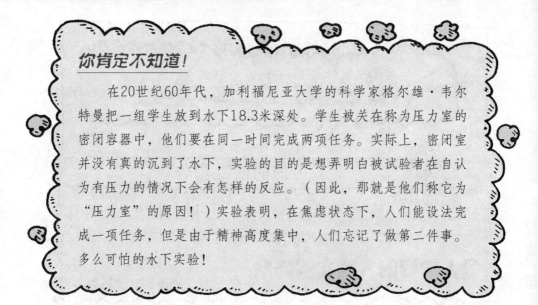

你肯定不知道！

在20世纪60年代，加利福尼亚大学的科学家格尔雄·韦尔特曼把一组学生放到水下18.3米深处。学生被关在称为压力室的密闭容器中，他们要在同一时间完成两项任务。实际上，密闭室并没有真的沉到了水下，实验的目的是想弄明白被试验者在自认为有压力的情况下会有怎样的反应。（因此，那就是他们称它为"压力室"的原因！）实验表明，在焦虑状态下，人们能设法完成一项任务，但是由于精神高度集中，人们忘记了做第二件事。多么可怕的水下实验！

此时，你满脑子都是实验的事儿了吧？这儿有一位研究大脑秘密的顶级专家——菲比·冯肯斯坦教授。别忘了亲自实验，若想变换大脑，别着急，教授想做大脑移植实验——明白了吗？

关于大脑的实验

菲比·冯肯斯坦

大脑——我爱它们！在装有防腐药品的标本罐中，大脑看起来像漂浮的发皱的水母——也很迷人。在探察了大脑的秘密一整天之后，我想将它们放回塑料罐中，用自己的大脑做几个实验来放松一下。

神秘的圆形

需要准备的东西：

一个大盖子，一支铅笔，一些颜料和几把刷子，一大张白纸和一些橡皮泥。

可怕的肮乱警告！

脏乱实验——事先铺上一些报纸！

做法：

1. 在纸上沿着盖子边缘并排画两个圆。

2. 将一个圆涂成深色，另一个涂成浅色（可以是一个紫色，一个柠檬黄色）。

3. 等颜料变干后将纸贴在墙上，往后退几步，看看哪一个圆显得更大些。

> 好神奇！

结果：

虽然我知道两个圆实际上是一样大的，但是浅色的圆显得更大一些。

> 米色的又怎么了？

点评：

为什么浅色物体看起来比深色的物体大，我们还不能解释其中的原因。我对我的大胖子朋友毕格博士说，他穿深色衣服看起来会显得瘦一些。但是，他听进去了吗？亲爱的——没有，他依然穿着那件讨厌的米色衣服！

比白色更白

需要准备的东西：

　　一个阴暗多云的天气，（我的假期常常是这样的！）一面镜子和一张纸。

一张纸

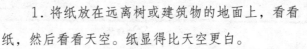

做法：

　　1. 将纸放在远离树或建筑物的地面上，看看纸，然后看看天空。纸显得比天空更白。

　　2. 接下来，将镜子放在地上，以便使之映出天空。

　　3. 将纸放在镜子上，但只遮住镜子的一半。

结果：

　　正如我所料，不可思议的事情发生了！这次镜中的天空比纸上的还白！

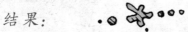

哦！

点评：

　　这是由于大脑同时判定亮色和暗色的结果——如果你在黑暗中看物体，所看见的任何发光体比你在亮处看到的显得更亮些。我已经画了下面的图来进行说明。

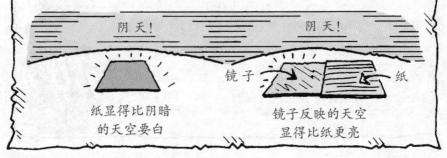

纸显得比阴暗的天空要白

镜子反映的天空显得比纸更亮

月亮"瘦身"小实验

小孔

需要准备的东西:

　　一张可卷起来的硬纸,上边有一个直径
2厘米的孔。

纸卷筒 →

2厘米 ↔

做法:

　　1. 将纸卷筒放到一只眼睛上,并闭上另一只眼睛。然后通过纸卷看月亮。

　　2. 闭上纸筒前的那只眼睛,睁开另一只眼睛。恰在那时,邻居看见了我——幸运的是他们已经习惯了我奇怪的行为!

奇怪!

结果:

　　月亮瘦身啦!我迅速重复第二步好几次,月亮似乎忽大忽小。

点评:

　　哦,亲爱的——又一个我们科学家无法理解的大脑秘密。然而我们可以肯定的是——月亮的实际尺寸是不变的!但是,如果我们把月亮放在以地面物体为参照的系统中观察,就比直接看显得大一些。

奇怪的单摆

需要准备的东西:

一些橡皮泥, 一根
42厘米长的线, 一扇窗
户和一副太阳镜。

做法:

1. 将橡皮泥搓成直径为1厘米的球。

2. 将橡皮泥粘在线的一端, 并用橡皮
泥将线的另一端粘在屋内窗户框的顶端,
制成一个单摆。

3. 我让线摆动, 并保证它从一边摆到
另一边而不转圈。

4. 走到屋子的另一头, 戴上太阳镜。

先用一只眼睛看单摆, 然后用另一只
眼睛看。不幸的是, 我不得不停下
来, 因为邻居走过来, 问我明天晚上
要干什么。

管好你自己
的事情!

结果:

用右眼看单摆, 单摆在转圈; 用左眼
看单摆, 单摆仍然在转圈——但这次是反方向运动! 这足以让我
头晕目眩!

点评：

　　我希望我能解释这一现象！这也许和每个大脑半球与一个眼球相连，并且每个大脑半球判定单摆的方向不同有关。那么，为什么单摆看起来是在转圈呢？哦，亲爱的——你别介意我不得不放弃这个问题，那是更令人困惑的大脑秘密！

　　你知道吗，还有比这更神奇的大脑实验呢！不过——它们也很可怕，可怕得令人着迷。

你能成为一名心理学家吗？

　　美国科学家保罗·罗津想知道在遇到令人厌恶的事情时，大脑是怎样反应的。他的实验包括让小孩吃狗食和喝浮着死蟑螂的苹果汁。

　　孩子们是怎样反应的呢？

　　a）一个小女孩将食物吐向科学家。

　　b）孩子们不愿碰这些食物，但有一个小婴儿却很高兴地吃掉了狗食。

　　c）实际上，一个小男孩喝了苹果汁，但他不小心吞下了蟑螂。

b）别吃惊——这块狗食实际上是一块形状像狗食的巧克力味甜饼。因此，没什么奇怪的，小孩会狼吞虎咽地吃下去。实验表明直到4岁，孩子才理解什么是令人讨厌的事情。若选c），你只能得到一半的分数。因为，一个7岁大的男孩的确喝了这杯苹果汁，但是在蟑螂被捞出之后。

你会这样做吗？

但那个实验不如美国心理学家菲利浦·津巴多的实验残忍。1971年，津巴多将加利福尼亚大学的部分地方变成了监狱。（他用学校干什么呢？）他想弄清楚当一名罪犯或警察，人们会有什么样的反应。下面，就是其中的两位志愿者所讲述的故事。

罪犯与警察

罪犯的经历 　　　　　警察的经历

第一天

我看到了报纸上的广告，然后自愿报了名。

我也是。

第二天

警察逮捕了我。妈妈以为我做了坏事！

我正在接受任务。

我不得不穿号服，不穿内衣，还戴上了镣铐。

我必须穿制服，拿警棍，太酷了！

第三天

第四天

从现在起，我是犯人74983761。

我是344号狱长。

我讨厌监狱——我想逃跑。

我喜欢监狱——有控制权。

我们犯人开始发生骚乱！

你们要反抗？

监管员打我们。

我们在维持秩序！

我厌倦了这种实验！我想回家！

朋友，那更糟糕了。

我不想吃。

大口吃下，否则我强行喂你！

当科学家的女朋友来参观监狱，看到犯人所受的罪而流下了眼泪后，实验才结束。例如，他们蒙上眼睛之后才敢用盥洗室——那里一定乱糟糟的。我希望你们的监狱——嗯，教育人的地方（学校）——没有这么糟！

一些科学家认为这种实验毫无价值，因为大学不是真正的监狱，并且每个人只扮演其中的一部分角色。但是，其他科学家认为这个实验表明，只要给予机会，普通人会彼此残忍相待。但残忍实验早已被人们废弃……很早很早。你还记得本书开头的电击故事吗？还想知道下面发生了什么吗？

好的，咱们从头开始讲……

致命的电击

1962年，美国耶鲁大学

三个人舒服地坐在椅子上。志愿者约瑟夫·汉纳是位穿着得体的生意人，他与自称是会计的另一名志愿者刚握过手。

"嘿，我也是一名志愿者。"这个发福的四十多岁的陌生人说。

他们正听另一个人——一位铁锈红色头发，满脸严肃的科学家对他们说："这个实验实际上是检查惩罚性学习的效果。我希望你们始终遵守规则。"

志愿者都点了点头，并且同意用抽签的方式决定谁当科学家的助手，谁当学习者。

会计选择了两张扑克牌中的一张，他耸耸肩说道："我真走运！"

汉纳抽到了一张红桃K。

科学家把会计领到一个小棚里，用绳将会计绑在椅子上，并把他的一只胳膊绑在电极上。然后科学家把汉纳带入隔壁屋中，屋内有电源开关板。每个开关上都有标签，汉纳读着标签心里渐渐不安起来。

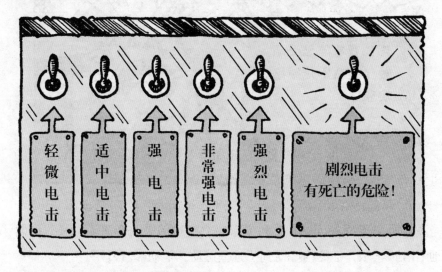

科学家叫汉纳坐在控制台边。

"你的任务，"他对汉纳说，"是管理电击开关。每次学习者回答错误时，你必须提高电压。"

汉纳快速地眨着眼睛，"电击对人没有伤害吗？"他问道。

"当然有伤害，"科学家说，"但是不会有任何伤疤。现在，给你自己一次小小的电击，测试一下系统。你必须把电极连到你的胳膊上。"

汉纳犹豫着按科学家说的那样做了，科学家按下了"轻微电击"开关。伴随着滴答声和像愤怒的黄蜂发出的巨大的嗡嗡声，汉纳的胳膊上有一股肌肉感到疼痛的战栗。

"哎哟！"他大叫。接着，实验开始了。

会计是一位可怜的学习者。他常常回答错误。每次答错时，科学家就命令越来越紧张的汉纳提高电压。汉纳觉得像是在做梦。突然，他认为，该醒来了。

会计很勇敢，除了偶尔咕哝外，他一直安静地待着。过一会儿，他突然叫道：

停！我不能忍受痛苦了，我不想继续实验了！

"你必须回答问题！"科学家说，嘴边的皱纹变深了。汉纳焦虑地看着科学家，他的内心受到了强烈震动，他的嘴直发干。

"对于你，汉纳先生，"科学家冷酷地说，"希望你也能完成实验，现在你不能停下来。"

汉纳拉了拉耳垂，扯了扯领带，握紧出汗的双手以免发抖。但是，科学家站在他旁边，催他赶快推上开关。他们听见会计痛苦地尖叫着不停地踢着搁板。除了回答问题外，他还请求放他出去。但他仍然合作。

汉纳心中充满了抗议，但他不敢说。突然，周围安静了下来，学习者没有回答科学家的问题。

他们已走到了最后一个开关的旁边。

"学习者拒绝回答，他必须受到惩罚！"科学家说。

汉纳试图争辩，但是科学家对他大叫着。

于是，汉纳慢慢伸手去推最后一个开关。

突然他停住了。"我不能按！"他用严厉的声音说。

"你必须这么做！"科学家咆哮道。

"对不起，对不起！"汉纳小声地说，并用手捂着脸。他从来没有感到如此悲伤。眼泪顺着他的手指流下来，他开始大声喘气。

"我要出去一下，"科学家说，"当我回来时，我希望你已推上了那个开关。"

汉纳擤了擤鼻涕，笨拙地擦了擦苍白脸上的汗水和泪水。突然，他想出了一个点子，他走过去迅速按下了"轻微电击"开关。机器滴答响着并伴有嗡嗡声，但受害者没有反应。

"好了，嘿——回来——我已经按了！"汉纳无力地喊道。

"非常好。"科学家回到屋里说。他的声音听起来平静而温柔。科学家扶着虚弱的汉纳的胳膊，领他进入隔壁屋里。

"我认为你可能很想见见学习者。"他说。

汉纳想象着会计因电击而抽搐的身体。他不想看，他屏住了呼吸。令他吃惊的是，他竟然看到，会计正把脚放在椅子前边的搁板上，懒洋洋地仰靠着。

"嘿，过来！"他叫道，嘴里塞满了油炸小甜饼，"真棒的实验。嘿，伙计，你看起来很糟糕，来点咖啡吧！"

汉纳的脸抽搐着，明显地，他完全被迷惑了。

"他，他还活着！"汉纳半信半疑地嘀咕着。

"是的。"科学家阴冷地笑着答道，"他是一位演员，整个过程都是事先安排好了的。"

科学家斯坦姆利·米尔格兰姆设计的实验，是为了测试人们到底在多大程度上能遵守规则。其他科学家抱怨这个实验太残酷了，但他们惊讶地发现，超过60％的志愿者同意使另一个人遭受折磨。

你敢……去发现大脑是怎样工作的吗?

你不介意用你自己的大脑做做试验吧（只要没有涉及电击）？嗯，那好，菲比·冯肯斯坦教授已为你准备了一道测验题。

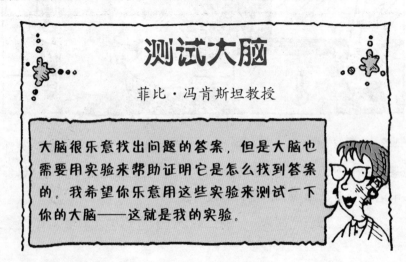

测试大脑

菲比·冯肯斯坦教授

大脑很乐意找出问题的答案，但是大脑也需要用实验来帮助证明它是怎么找到答案的。我希望你乐意用这些实验来测试一下你的大脑——这就是我的实验。

通过纸筒看到的风景

需要准备的东西:

　　光线暗淡但不黑暗的屋子（若是白天请拉上窗帘），一根长而细的纸板筒——理想的是长30厘米、直径2厘米。

30厘米

2厘米

捉摸不定。

做法:

　　将纸筒放到一只眼睛上，两眼睁开，你看到了什么?

答案

　　在你眼前呈现出一个光圈——实际上是通过纸筒而成的景。迷惑吗? 嗯，那和第46页提到的现象有关，环境越暗，亮的区域在脑中显得越亮。因此，通过光线较暗的纸筒看到的景物显得稍亮。

手指摆动

需要准备的东西:

　　一根手指，你的眼睛和大脑。

你自己的手指

大脑

眼睛

做法：

　1. 食指放松，指尖向下放在光亮处。

　2. 尽可能快地左右摆动手指。

摆动！

你注意到了什么？

　　第二根手指出现了！这是由于看手指的眼睛与成像的大脑之间的时差造成的。时差仅为半秒，但是由于你手指移动得太快，大脑的反应跟不上，以至于你看到手指的两个图像，这个实验你需要重复两次吗？

用门做的实验

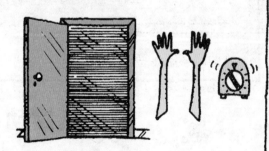

需要准备的东西：

▶ 门口。

▶ 两只胳膊。

▶ 时钟。

我

做法：

　1. 站在门口，胳膊向两边斜伸，手撑在门框上，用力向外推。

2. 如果门框太宽，可以让成年人用手抓住门板，并用脚抵住门的下沿，使之控制在适当的宽度。然后，你自己站在门板与一边门框之间。

3. 手尽可能持续用力向外推20～30秒。

推压

放松！ 放松！

4. 放松胳膊，使它们自然地放在身体两边。

你注意到了什么？

答案

胳膊不由自主地自动张开，这是由于大脑仍在向神经发出信号告诉胳膊做向外推的动作。嗯，很奇怪吧？

你的胳膊还疼吗？你认为实验对你来说有点难？哦，欢呼吧——下一章你可以放松了，因为有许多可爱的、长有绒毛的小动物！

咆 哮！

嗯，也许不……

噩梦般的生物实验

出于对科学的兴趣，一些人忍受着极端恐怖的实验带来的数小时的不适，他们就像遭受了一场残酷的战争。是的，生物课程是有一点艰苦，但生物学家就是这样。不管怎么样，这里有一些关于他们实验的基本信息。

改变世界的生物实验档案

名　称： 生物实验

基本事实： 生物学是关于活着的生物的科学。生物实验能够解决部分问题，像测验动物的感觉，或研究植物在有色光下是如何生长的等等。

爆炸性细节： 较早的一个植物实验是由简·赫尔蒙（1579—1644）医生做的。他想知道植物是如何生长的，于是他种了一棵柳树，并且定期给它称重。他认为是他浇的水使那棵树变重的。

瞎说！

动物几乎没有知觉。

是"水"，多么辉煌的发现啊！

错误！事实上植物重量的增加应该归功于一种化学元素——碳。它来自二氧化碳。叶子吸收空气中的二氧化碳，进入植物体内。如果简知道了这个真相，会难过得像一棵哭泣的柳树！

你敢……去探究植物的秘密吗?

我想你不会犯这样低级的错误吧?接下来,我们的生物学专家威尔·比斯特给你安排了两个简单的植物实验,为了寻找答案你一定要亲自去做哟。

植物实验

威尔·比斯特

那些讨厌植物的人得不到这种乐趣——植物是很迷人的,它们也是我们的好朋友。我在野外考察的时候,总是和它们说话,因此人们说我有一点儿古怪。

一个关于种子的实验

需要准备的东西:

▶ 一粒枫树种子,有"直升机翼"的那种。

▶ 一个直径4毫米的橡皮泥球。

做法:

1. 拿着种子,让它和你的肩膀一样高,然后松手,一定要让种子旋转着掉下去。

2. 现在把那个橡皮泥球牢牢地粘在种子的圆圆的果实下面。

3. 再把种子像上次那样扔一次。

你注意到了什么?

答案

这次种子没有旋转，直接掉到了地上。为了使种子旋转，翅膀和种子的重量要保持平衡。当枫树种子在树上形成的时候，它是绿色的，充满了水，这时枫树不会让它离开自己，直到它变得又干又轻，能够在风中飞舞时才会掉下来。你可以试着从枫树的角度来看这个问题：它希望它的种子能飞到很远的地方去，那里有丰富的水和充足的光照。看它想得多周到啊！

最短的火柴

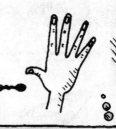

需要准备的东西：

▶ 一根用过的火柴。
▶ 你的手，手指头要全。

恐怖的危险警告！

千万不要自己去划火柴，想都不要想！找个大人来帮你做，他们可要冒着屁股上烧一个洞的危险！

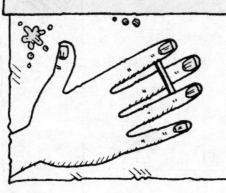

做法：

1. 把火柴平放在你的中指上，食指和无名指压着两端，就像左边图中画的那样。

2. 试着折断它。

你注意到了什么？

答案

那真的很难，你会发现你根本就折不断它。你知道的，火柴是由木头做成的（不要吃惊得晕倒啊），木头是很结实的，它是由一种强韧，而且能弯曲的木质素纤维组成的。想什么呢？当我写这些文字的时候，我的屁股正在一些木质素上休息呢。

图注：植物朋友　我　木质椅子

你能成为植物学家吗？

1969年，科学家多萝西·雷陶拉克做过一个实验，想知道音乐对植物的生长是否有影响。她种了玉米、南瓜和万寿菊。

她发现了什么呢？

a）植物觉得有些冷，胆战心惊的，它们喜欢最流行的打击乐。

b）植物非常守旧，它们喜欢那种令人厌倦的古老的古典音乐。而摇滚乐会要了它们的命。

c）植物不受音乐影响。

答案

b）当植物"听"到摇滚乐时，它的叶子和根就会萎缩，小的万寿菊会死掉。

你肯定不知道!

　　在英格兰的约克郡，那里有一个特殊的研究中心，里面的科学家们专门研究——草！这是真的——每天你都能看到研究人员在那里踢球来检验为足球场准备的各种草的舒适程度。据说那帮科学家只顾踢球，最后什么都没有发现。

作者注：我想这一定是描述草的状态的科学语言！

　　是不是忍受不住想马上做这种实验？但下边这些生物实验，你可千万不要去尝试啊！记住，千万不要！

两个非常肮脏的生物实验

1. 瞎眼的蝙蝠

　　在18世纪，没有人知道为什么蝙蝠能在黑暗中飞翔却不会撞到任何东西。因此意大利科学家拉扎勒斯·斯帕兰扎尼（1729—1799）在帕维亚大教堂的塔楼中捉了几只蝙蝠，把它们弄瞎。一些不幸的蝙蝠还被堵上了耳朵。疯狂的研究人员发现蝙蝠不需要眼睛也可以飞，但一旦耳朵被堵上就会四处乱撞。这证明了是声音帮助蝙蝠找到它们的路，即使蝙蝠像……嗯……球拍（"蝙蝠"和"球拍"在英文里都是bat）一样什么都看不见。科学家们现在知道蝙蝠可以接收自己发出的超声波的回声，以避免在黑暗中撞到障碍物。

2. 爆炸的蝙蝠

对不起，蝙蝠爱好者，"第二次世界大战"时美国科学家路易斯·菲斯纳博士计划把数以千计的燃烧弹绑到蝙蝠身上，投放到日本的城市中。当然这不是一个令人惊声尖叫的主意。下面是后来发生的事情……

最终，这个疯狂的主意没有按计划实行……

有一只蝙蝠飞到将军的车下了！

轰！

啊，爆炸了！

思考题

　　我们这两个例子都是发生在蝙蝠身上的。但实际上科学家们在动物身上做了数以千计的实验，主要是老鼠、猫，但也有狗、猴子和其他任何你能想到的动物。一些实验是研究动物的身体是如何工作的。另一些是用它们做药物或食物实验，来测试药物或食物对人类是否安全。

　　很多国家有严格的法律控制动物实验。这些法律的目的是使动物不再遭受不必要的痛苦。但动物爱好者说，任何对动物的实验都是残酷的。而科学家回答，说他们不得不做动物实验，因为没有别的选择，而且一些实验能够挽救人类的生命。

现在，你对动物实验是怎么看的呢？

好吧，在你正在做决定的时候，让我们再来继续生物实验的故事。19世纪80年代，科学家们对动物的智力发生了兴趣。这一新的科学分支是由一个有着很多相当疯狂主意的科学家开创的。

可怕的科学名人堂

乔治·罗曼斯（1848—1893） 国籍：英国

乔治是一个有钱，还有着相当破坏欲的孩子，他喜欢和野生动物在一起的野外生活，包括像用枪打死鸟这样的事情。但在上大学的时候，他对科学和海蜇产生了兴趣，他花了数年的时间解剖海蜇，想发现它们是怎么移动的。（他以为海蜇是没有神经

的——它确实有，但乔治却没有发现它们，或许他的神经出问题了？哈哈！）他因此对动物的大脑非常着迷。他尝试了一些古怪的实验。下面是他在一本书中描述的情景，这或许只是一个摘要……

动物的智力

乔治·罗曼斯

第一章　没脑子的猫

猫是愚蠢的！我通过这样的实验证明了这一点：我从一些人家里借到了一些猫，然后把它们放在伦敦温布尔登公有地。放下之后，它们跑向各个方向。只要这些脑子里面进水的猫科动物有一点智力，就能找到自己回家的路，但没有一只猫能做到。

后来，那些猫的主人都想知道自己的宠物去哪里了，我只好消失了一阵子。

科学注释

猫在陌生的环境里会出错，他的这个实验什么都没有证明。

第二章 猴子的趣闻

我热衷于研究猴子的行为，所以把一只小猴子寄养在我姐姐家里。

"我会赔偿你所有损失的。"我向姐姐保证。

我真的没想到那只该死的猴子竟然捣毁了我姐姐的家，真的。我们发现，当我姐姐假装喂另一只玩具猴子时，它会忌妒得发狂。而且它会认为它在镜子中的像是另一只猴子！这证明猴子会忌妒，而且不是非常聪明（不是全知的天才，比如我）。后来我姐姐向我述说起她的损失，我只好跑到一个遥远的地方去进行一次长期的旅行，来逃避赔偿。

科学注释

现代科学已不再关心动物有多高的智力。他们更关心动物如何在野外生存，以及它们的大脑是如何帮助它们做到这些的。

同时，科学家也对植物进行实验。一个奥地利科学家获得了惊人的进展，改变了整个世界。可竟然没有引起人们的注意。但我们非常骄傲地为大家介绍这个非常令人吃惊的，而且默默无闻的格列戈尔·孟德尔，他因唯一的一次采访而被人发现。

格列戈尔·孟德尔（1822—1884）

所有各种组合中只要有一个光滑的指令，那结出的果实一定是光滑的。如果豌豆上有皱纹，就意味着这株豌豆有两个皱纹的指令。这种情况发生的概率是1/4。

WW+WS=光滑的
WS+WS=光滑的
SS+SS=光滑的
WW+WW=有皱纹的

1/4的植物

你究竟是如何证明的呢？

我数完了那几千株豌豆。

你对那些声称你为了得到1/4的结论而伪造了数据的现代科学家，想说些什么呢？

呃，他们应该更关注他们的豌豆！

后来，你开始变得疯疯癫癫，喊豌豆为你的"孩子"。这是怎么回事呢？

那是因为，那些豌豆先开始喊我爸爸……

令人难过的是，当格列戈尔经过数年辛苦的劳动，得到了果实——也许我该说是蔬菜，并宣布他那生动的结果时，他却被那些长着豌豆脑袋的科学家忽略了。40年后，科学家们意识到格列戈尔提到的豌豆指令就是我们所说的基因。1953年，科学家们从细胞中发现了基因是如何储存在一种叫作DNA的物质中的。

2000年，科学家宣布他们翻译出了人类全部的基因序列，从而为解决由基因缺陷引起的疾病开辟了道路。可怜的老格列戈尔是一个真正的研究基因的天才，你是不是也是一个天才呢？这里给你一个机会，去证明你是一个天生的生物学家。

你能成为科学家吗？

1. 1748年，法国科学家让·安托万·诺莱（1700—1770）正在研究细胞，（还记得我们在第40页见过这个词吗？）他把一个猪的膀胱充满酒精，然后放在水里，最后发生了什么呢？

a）那个膀胱爆炸了（不要怀疑溅到科学家身上的是我们没有提到过的液体）。

你确定那个膀胱里是充满了酒精吗？

嗯，当然！

b）那个膀胱缩小了。

c）那个膀胱朝里的一面翻出来了。

答案

a）像所有的细胞一样，膀胱的细胞也有一层带着微小的孔的膜，它能控制水进去。因此它一直吸水而酒精出不来，直到"砰"的一声爆炸。

2. 1994年，美国亚利桑那州有一个人，想试验他能否在电击下抵抗响尾蛇毒的影响，他做了什么呢？

a）他让响尾蛇咬蝙蝠之后，电击那只蝙蝠。

b）他让响尾蛇咬他自己的胳膊，然后电击他自己。

c）他让响尾蛇去咬他儿子的老师，然后电击那个老师。

b）这种电击疗法是无用的。那个人因此需要紧急治疗响尾蛇的咬伤。

3. 1994年，美国科学家罗伯特·录普做了一个实验，来看猫耳朵里的小虫能否在人类的耳朵里面存活。他捉了一些小虫放进了自己的耳朵，结果发生了什么事呢？

a）他对猫食有了一种特别的渴望。

b）他耳聋了一会儿。

c）那些虫子在他耳朵里被耳垢粘住不能动弹，最后死掉了。

b）那个科学家听到小虫在耳朵里面爬，经受了发痒和疼痛后，耳聋了一会儿。为了验证这个结果，他勇敢地重复了这个试验——两次！

4. 美国科学家R.L.所罗门想知道小狗有没有记性。他把它们放到一个房间里，里面有一盘它们最喜欢的食物（冒着热气的马肉）和一盘便宜的狗食。那些小狗都冲向马肉，但是一个脾气暴躁的科学家用一个报纸卷的纸筒将它们赶跑了。这些可怜的小狗只好去吃那些便宜的狗食。所罗门这样重复做了一周。第二周的周一早上，这些小狗被单独同那两盘食物放在了一起。它们会怎么做呢？

a）它们都冲向了马肉。

b）它们吃那些便宜的狗食，因为它们知道科学家希望它们那样做。

c）它们撕烂了科学家的报纸，还在他的拖鞋里撒尿。

★ 下次我们会在你的口袋里放屁的！

b）大多数的小狗吃便宜的狗食，但有一些顽皮的小狗则开始大吃马肉。因此科学家宣布大多数小狗是有记性的。你能想象一个近似的实验，让一帮小孩选择吃学校的晚餐，还是痛吃巧克力和雪糕呢？

如果能鼓励你去尝试更多的生物实验的话，这里又有一个机会，是的，下面又是翻阅威尔·比斯特博士的笔记的时间了。

我琢磨着，我们会在里面发现什么呢？

野外漫步

威尔·比斯特

我正在研究南大西洋的一个小岛上的野兔。哦，是的，我找到了一些可以向我的科学家同伴们唠叨的话题。无论如何，当我回来后我得照看我那让人心烦的小外甥韦恩。韦恩和我试着做了那些实验，但和韦恩在一起一周后，我就想回到那个小岛上去了！

与土鳖做朋友

需要准备的东西：

一只土鳖　小坏蛋　韦恩　小朋友

嘿，嗯！

黑色的绝缘带

一个果酱瓶，用带子缠住它上面一半

做法：

1. 韦恩捉了一只土鳖（最好的地方是腐烂的木头底下和潮湿的花园角落里的石头下面。韦恩又捉了6只土鳖，这是我后来从我的床上数出来的）。我把土鳖放进果酱瓶的底部。

很幸运，我没有被这些丑陋的小东西（只是一些小家伙）吓倒，然后盖上盖子。

在下面

2. 让瓶子和桌面成一小角度放置（保证土鳖能在那个斜面上爬）。

小动物

3. 然后我和韦恩观察这个土鳖接着做了什么……

小橡皮泥

结果：

土鳖在斜面上挣扎着爬到了黑暗的角落里。重复了几次后，我让韦恩把我们的新朋友放生了。是的，土鳖是有感觉的，不像我的小外甥。嘿，韦恩，不要把它扔到我的脖子里！

点评：

土鳖待在瓶底更简单一些，但它总是往黑暗的地方爬，它们想躲避大的动物和阳光。阳光会晒干它们的小身体。我猜它们有阴暗的个性，哈哈！

很好玩！

蜗牛壳强度实验

可怕的肮脏警告！

这个实验会很脏，最好在室外做。

需要准备的东西：

一个空的蜗牛壳（这个壳一定要是空的，因为它将要被压碎，被压碎的蜗牛是很脏的）。

空的

不空的

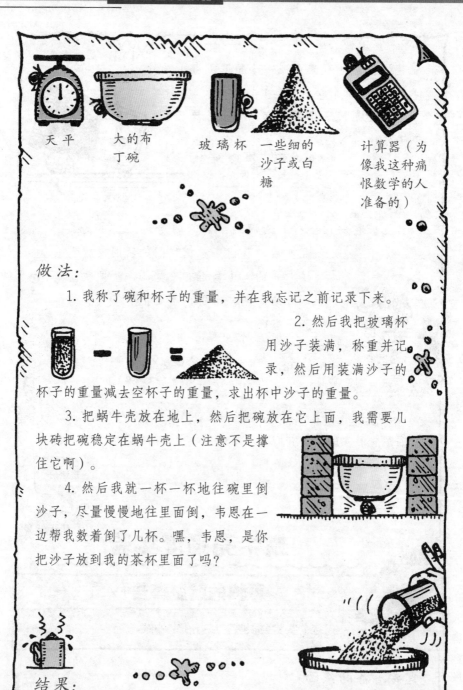

天平　　　大的布　　　玻璃杯　一些细的　　　计算器（为
　　　　　丁碗　　　　　　　　沙子或白　　　像我这种痛
　　　　　　　　　　　　　　　糖　　　　　恨数学的人
　　　　　　　　　　　　　　　　　　　　　准备的）

做法：

　1. 我称了碗和杯子的重量，并在我忘记之前记录下来。

　2. 然后我把玻璃杯用沙子装满，称重并记录，然后用装满沙子的杯子的重量减去空杯子的重量，求出杯中沙子的重量。

　3. 把蜗牛壳放在地上，然后把碗放在它上面，我需要几块砖把碗稳定在蜗牛壳上（注意不是撑住它啊）。

　4. 然后我就一杯一杯地往碗里倒沙子，尽量慢慢地往里面倒，韦恩在一边帮我数着倒了几杯。嘿，韦恩，是你把沙子放到我的茶杯里面了吗？

结果：

　往碗里倒几杯沙子后，空蜗牛壳突然裂成了几块。然后我进行了计算：

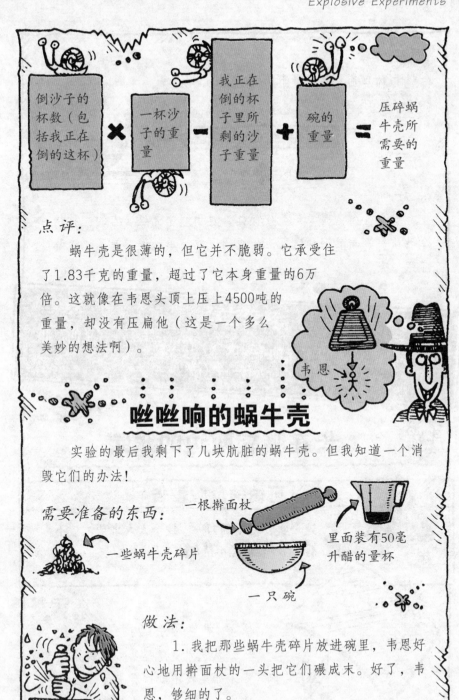

| 倒沙子的杯数（包括我正在倒的这杯） | × | 一杯沙子的重量 | − | 我正在倒的杯子里所剩的沙子重量 | + | 碗的重量 | = | 压碎蜗牛壳所需要的重量 |

点评：

蜗牛壳是很薄的，但它并不脆弱。它承受住了1.83千克的重量，超过了它本身重量的6万倍。这就像在韦恩头顶上压上4500吨的重量，却没有压扁他（这是一个多么美妙的想法啊）。

韦恩

咝咝响的蜗牛壳

实验的最后我剩下了几块肮脏的蜗牛壳。但我知道一个消毁它们的办法！

需要准备的东西：

一些蜗牛壳碎片

一根擀面杖

里面装有50毫升醋的量杯

一只碗

做法：

1. 我把那些蜗牛壳碎片放进碗里，韦恩好心地用擀面杖的一头把它们碾成末。好了，韦恩，够细的了。

2. 把醋倒在蜗牛壳的末上，放置30分钟。

结果：

液体里面充满了微小的气泡。

通过X射线观察那只碗 ➡

点评：

这些小气泡是二氧化碳气体，是由蜗牛壳里含有的一种化学物质——碳酸钙和醋反应生成的。或简单地说，就是醋溶解了蜗牛壳。

科学注释

老师用碳酸钙（粉笔的主要成分）在黑板上写字，是的，非常正确。这个实验证明了蜗牛有一个石灰壳。

长在脑袋两边的眼睛

可怕的危险警告！

这个实验要用到刀——找个大人来帮忙！不，不，不用在乎他们是不是在忙着看电视。

剪刀

需要准备的东西：

从艺术商店里买一块闪光的卡片（如果找不到这种卡片，就找一块烟盒内的锡箔贴在普通的纸板上也行）。

做法：

1. 剪一块30厘米长，9厘米宽的纸板。

闪光的一面对着我

2. 像图上画的那样，剪一个鼻子形的洞。

3. 最后把纸板闪光的一面对着我，卡在鼻子上，然后把两端向后略微弯曲一下。

好怪异哟！

结果：

噢，我能看到在我两边发生的事情了，就像我的眼睛长在脑袋两侧一样。

好怪异哟！

美味！

一口吞下！

点评：

像兔子等一些动物的眼睛都长在脑袋两边，可以观察其他动物是不是在偷偷摸摸地扑向它。而像狐狸等肉食动物眼睛都长在前面，以便判断距离，可以准确地扑到它们的猎物的脖子上。

颤抖的香蕉

事实上，香蕉是不会发抖的，但过一会儿，你就会明白这个题目的用意了。

需要准备的东西：

三根连在一起的黄色香蕉。

做法：

1. 其中的一根香蕉放在冰箱的冷冻室里面，一根放在冷藏室里，最后一根就放在厨房里。

2. 我把这些香蕉放了一周。在可怕的韦恩把第一根香蕉狼吞虎咽地吃掉之后，我不得不在我的香蕉上做了警告标志（总有一天，我会带他去做一次没有归途的旅行，去研究一下那些吃人鳄鱼的饮食习惯）。

3. 然后把三根香蕉比较一下。

结果：

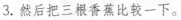

1. 在冷冻室里的香蕉一小时后就变得颜色更深，并且像石头一样硬，随后一周内不再发生任何变化。我把它拿出冷冻室，不到一小时，就变黑了，并且像一摊稀泥一样，还流出了棕黄色的汁，但没有异味——好恶心啊！

棕黄色

2. 放进冷藏室的那根香蕉一周后变成了棕黄色。

3. 在外面放着的那根，上边有很多棕色的斑点。

斑点

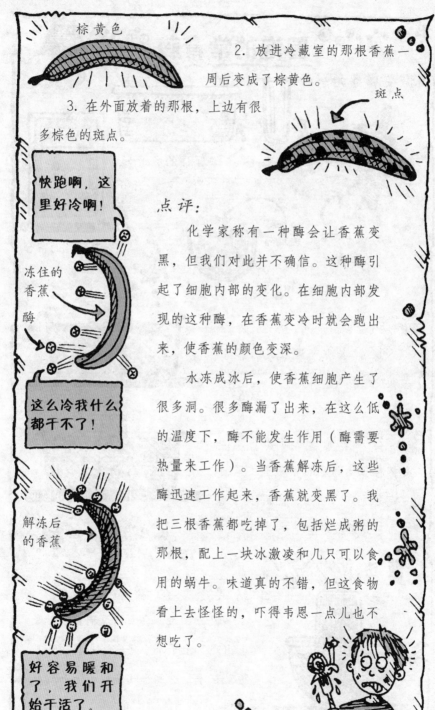

快跑啊，这里好冷啊！

冻住的香蕉酶

这么冷我什么都干不了！

解冻后的香蕉

好容易暖和了，我们开始干活了。

点评：

　　化学家称有一种酶会让香蕉变黑，但我们对此并不确信。这种酶引起了细胞内部的变化。在细胞内部发现的这种酶，在香蕉变冷时就会跑出来，使香蕉的颜色变深。

　　水冻成冰后，使香蕉细胞产生了很多洞。很多酶漏了出来，在这么低的温度下，酶不能发生作用（酶需要热量来工作）。当香蕉解冻后，这些酶迅速工作起来，香蕉就变黑了。我把三根香蕉都吃掉了，包括烂成粥的那根，配上一块冰激凌和几只可以食用的蜗牛。味道真的不错，但这食物看上去怪怪的，吓得韦恩一点儿也不想吃了。

冒泡的常青藤

需要准备的东西：

高的玻璃杯

洗干净的水槽或大碗

5厘米长带叶子的常青藤

玻璃布丁碗

充满阳光的窗台

做法：

1. 把水槽充满水，将布丁碗和玻璃杯放在水下。

2. 把常青藤放进玻璃杯，要把杯子倒扣在布丁碗里（里面一定要充满水啊），然后小心地把布丁碗端到窗台上。

敲击！

结果：

几分钟后，会看到玻璃杯和叶子上出现了上千个小气泡，当我轻轻地振动杯子，这些小气泡就会上升到杯子顶部。

点评:

你或许认为,植物不过是一些待在花园角落里,供一些带着特别坚硬的壳的超级蜗牛吃的东西。事实上植物是一个令人惊异的食物工厂,它们的正餐就是水和二氧化碳。科学家称这为"光合作用"(英文为"photosynthesis"。photo是"照片"之意,synthesis是"合成"之意)。不,韦恩,这和假日照片没关系。植物把氧气作为废物排放出来,就形成了前面看到的气泡。

注意到了什么没有?为了解释他的实验,威尔·比斯特先生谈到了化学。不必吃惊,因为任何生物(不论什么,从你的宠物鼠到地里种的庄稼)都充满了化学物质。整个宇宙里面的所有东西都是如此……包括下一章。

奇怪的化学实验

我认为你在一直做化学实验，就像这样，你拿一团碳水化合物，然后用红外线照射，发现氧化反应使它部分碳化……

你，他？

改变世界的科学实验

感觉不错！

当然了！

哎呀，对不起，读者！我猛拍了一下我的头，我怎么像一名科学家一样讲话了！我的意思是说："就像当你烤面包时，火烧着了面包，一部分面包变黑了一样。"是的，化学物质无处不在，化学反应亦是如此。化学这门学科就是要不停地做实验，以揭开数不清的谜团。

令人震惊的化学实验档案

名 称：化学实验

基本事实：

1.化学实际上是从炼金术开始的——远古时期有人试图用廉价金属炼造出黄金。炼金师不是化学家，因为他们相信巫术，他们不做实验。

青蛙腿一只，蜜蜂的膝盖，狗的头发，跳蚤数只，废话，废话，嗡嗡嗡……

14克的钠，加热30秒钟……

2.第一个真正的化学实验是在18世纪完成的。那时，科学家们开始分析物质的成分，并以科学的方法记录他们的结果。

爆炸性细节：化学实验有危险，甚至会发生爆炸。例如……当1932年合成聚乙烯时，科学家们在一个高压容器中加热乙烯。

实验开始了，乙烯生成了可以制成聚乙烯桌布的塑料成分。但当流程发生错误时，工厂发生了几次爆炸（要想了解更多的爆炸性细节，请看第131页）。

对科学实验来讲，那是一个爆炸性时刻！

一次大的化学领域的突破发生在1661年，爱尔兰化学家罗伯特·波义耳（1627—1691）正确地呼吁说化学物质是由原子或小的原子簇——分子组成的。虽然分子非常非常的小，人们用肉眼看不到，但一名科学家发现了一个证明它们存在的方法……

可怕的科学名人堂

罗伯特·布朗（1773—1858）国籍：苏格兰

罗伯特·布朗不是一名化学家，是一名植物学家。他一生中最令人激动的是他加入了一个探险队，到澳大利亚探险。令人惊奇的是，在整整四

年的航海旅行中，他没有因为晕船而放弃（他的船友们一定非常忌妒他）。

后来船漏了，最终他们不得不丢弃它。但布朗免费搭载了另一艘船回到了英国。他带回了他收集的4000种植物，所有这些对科学家来说都是新奇的！

一天，这名科学家正在显微镜下观察花粉（就是你在花朵中就能找到满是灰尘的颗粒），这时他看到非常奇怪的事情发生了。下面可能就是他的日记本里记录的内容。

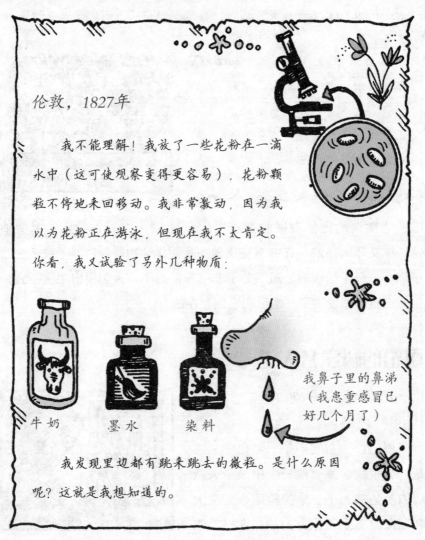

伦敦，1827年

　　我不能理解！我放了一些花粉在一滴水中（这可使观察变得更容易），花粉颗粒不停地来回移动。我非常激动，因为我以为花粉正在游泳，但现在我不太肯定。

你看，我又试验了另外几种物质：

牛奶　　墨水　　染料

我鼻子里的鼻涕
（我患重感冒已好几个月了）

　　我发现里边都有跳来跳去的微粒。是什么原因呢？这就是我想知道的。

其他科学家深信是水分子碰撞了花粉颗粒，从而使它们运动的。但没人能证明它，直到1905年，科学巨匠阿尔伯特·爱因斯坦（1879—1955）测到了这一反应过程，并推出了它的数学根据。你能做出这样伟大的发现吗？当我们一头扎进伟大的科学老师埃斯米拉达·伯金斯小姐的神秘实验记录本时，你便有机会做出伟大的发现。

你会被震惊还是激动？

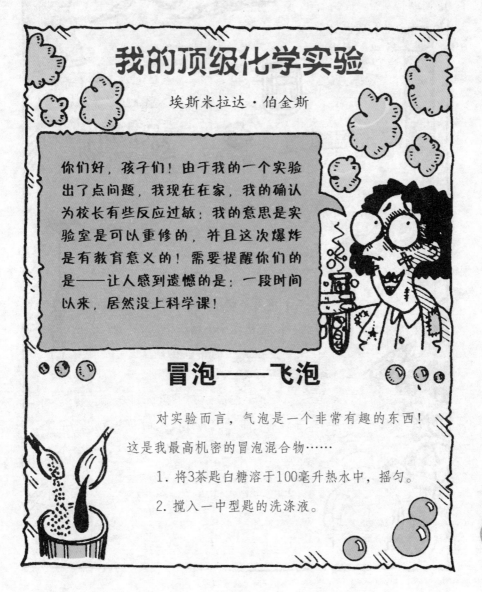

我的顶级化学实验

埃斯米拉达·伯金斯

你们好，孩子们！由于我的一个实验出了点问题，我现在在家，我的确认为校长有些反应过敏；我的意思是实验室是可以重修的，并且这次爆炸是有教育意义的！需要提醒你们的是——让人感到遗憾的是：一段时间以来，居然没上科学课！

冒泡——飞泡

对实验而言，气泡是一个非常有趣的东西！

这是我最高机密的冒泡混合物……

1. 将3茶匙白糖溶于100毫升热水中，摇匀。

2. 搅入一中型匙的洗涤液。

3. 搅入一大菜勺干净的浴液或洗手液。（它必须含有甘油，所以要先检查其成分。）

需要准备的东西：

一支削尖了的铅笔　剪刀

一个圆柱形器皿，最好是试管

一些能产生气泡的混合物

一块纸手帕（请不要拿擦了鼻涕的）

尺子　一些橡皮泥　一根线

做法：

1. 将手帕的绵纸层揭下来，然后剪一个2厘米宽的细条。

2厘米

2. 用一根绳子将纸条系上，并用橡皮泥将绳子的另一端粘在一个搁板上。

3. 用这支削尖了的铅笔在容器的一端凿一个0.5厘米大小的洞。

4. 现在，激动人心的时刻到了。将容器开口的一端放入易起气泡的混合液中，并搅拌一下，然后通过小洞轻轻地吹，一个大泡泡从开口的一端出来了。

5. 将开有小口的一端拿近绵纸……

结果：

绵纸开始摇动，就像有微风吹过一样。

点评：

水泡是由一层薄薄的水分子形成的。空气分子能透过表层逃逸，形成微风。好吧，我猜你已轻而易举地完成了这个实验！

有色化学物质

当我听到这里时，大大的"n"出现在了我的脑海，我已经迫不及待了。

可怕的肮脏警告！

在报纸上做这个实验，否则你的父母会给你点颜色看看。

哼！

需要准备的东西：

 吸管

盘子

几种食用色素

一些牛奶

洗涤液

做法：

1. 将盘子盛满牛奶。

2. 用吸管将不同颜色的食用色素滴在盘子的不同地方。

3. 加一滴洗涤液在盘子的中央……并且……噢！天哪！

结果：

　　食用色素开始旋转并形成奇怪的图案。现在有一个有关牛奶的笑话，孩子们——你们听过有关一只在喝奶大赛中获胜的猫的故事吗？是的，它就赢了一口，哈哈！

可怕的家庭警告！

呃！

　　不要将这个混合物放在猫的盘子里，这一举动可能导致猫的厌食。那你将不得不吃猫剩下的东西！

点评：

　　牛奶中的水分子通过表面张力彼此吸引。洗涤液分子拉扯水分子使它们彼此分开，从而使得食用色素的分子与牛奶混合。唔！孩子们！这些分子是不是很有魔力？

神秘的起泡现象

需要准备的东西：

 一瓶柠檬汽水或易起泡的水

 三个贴有A、B、C标签的玻璃杯

 一些食用油

 一些糖

做法：

　　1. 用一些油涂抹杯子B的内壁，并将一中匙糖加到C里。

　　2. 接着往每个杯子里倒些柠檬汽水。

结果：

▶ 气泡猛地一下出现在玻璃杯A中，杯子中形成了许多气泡。

▶ 在玻璃杯B中有少量气泡，在杯壁上更少。

▶ 在玻璃杯C中，混合物剧烈冲出，形成的气泡比A中多得多。

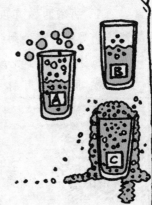

点评：

这个实验演示了气泡是怎么形成的。气泡中是二氧化碳气体，它是在压力的作用下被通入灌装饮料中，直到它溶解。当我打开瓶盖时，压力被释放了出来，柠檬汽水被喷得到处都是。压力被释放出来时，气体形成了气泡，并在杯壁形成了微小的洞，但当杯壁被油覆盖时，气泡就不会轻易形成。在糖颗粒之间有许多空隙，那就是为什么会有那么多气泡出现的原因。我喝了所有的柠檬汽水！

钉子变成棕色的实验

需要准备的东西：

3厘米长的钉子

玻璃杯

50毫升醋

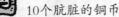

10个肮脏的铜币

厨房清洁剂

一撮盐

小汤匙

做法：

1. 将硬币放在玻璃杯中，用醋将它们淹没。见鬼！醋溅到我鼻子上了。然后加一点盐搅拌，并放置5分钟。

2. 同时，用厨房清洁剂将钉子洗干净，并小心擦干。

3. 嘿！转眼间，铜币变得闪闪发光。我剧烈地搅拌溶液，并将钉子放入玻璃杯中。

4. 半小时后再去观察。

结果：

哎哟！钉子变成了深棕色！

深棕色！

点评：

醋里含有酸，它能将铜币上的铜锈溶解——使它们闪闪发光。铜币与醋混合后生成了一种新的化学物质，这种物质接着被吸附到了钉子上。

迷人的霜花

需要准备的东西：

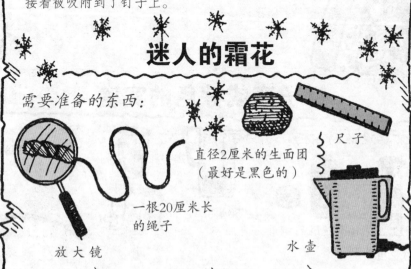

直径2厘米的生面团
（最好是黑色的）

尺子

一根20厘米长的绳子

放大镜

水壶

可怕的危险警告!

水蒸气会烫伤你!注意与水蒸气保持足够远的距离!并让大人帮你做这部分实验,否则,你的父母会被你气着!

做法:

 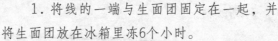

1. 将线的一端与生面团固定在一起,并将生面团放在冰箱里冻6个小时。

2. 将生面团从冰箱里取出来——它被冻得像石头一样坚硬,将绳子的另一端系到尺子上,并将尺子、绳子、生面团放进冰箱。

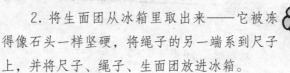

3. 接着,将水壶中的水加热至沸腾,并给自己沏杯香茶。

4. 将尺子、绳子、生面团从冰箱里取出来,并将水再次加热至沸腾,然后拿着尺子,并与蒸汽保持一定距离,在离壶嘴30厘米的地方,让生面团通过蒸汽。

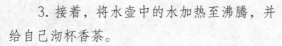

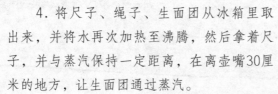

结果:

面团突然变成白色或灰白色。

冷!

点评:

在水蒸气遇到面团的地方,冷气将水蒸气变成小水滴。这些小水滴迅速凝成霜。我用放大镜可以看到晶体。

你做得怎么样？如果你发现这些实验很简单，你可能会信心十足——但你知道成为一名化学家所应具备的条件吗？

你能成为化学家吗?

1. 18世纪90年代，托马斯·韦奇伍德（1771—1805）将水与化学物质硝酸银的混合物粘到一块儿皮革上。他发现了什么？

a）世界上第一块用于擦玻璃的麂皮革。

b）摄影术。

c）一种新颜料。

答案

b）硝酸银在阳光下变暗，后来它被用作摄影相纸的涂层。托马斯打算得到物体的影像。他把物体放在皮革上，光照后物体四周的化学物质变暗，就出现了浅色的物体形状的影像。但有个问题，影像在光线下会变暗，所以你只能在黑暗中展示你的照片。后来科学家发明了一种叫作固定剂的化学物质来阻止其发生，现在的摄影术才变成了可能。

亲爱的，你看到了吗？

嗯……

2. 1828年，德国科学家弗列德里希·维勒（1800—1882）成功地制出了尿素。这种化学物质一般在尿中含有——他是怎么制出这种物质的？

a）他给他小妹妹一大杯饮料，然后研究她的便壶里尿的成分。

b）他在试管里加热另一种化学物质。

c）他在学校晚餐的汤中发现了它——它被证明尿素来自耗子的尿。

答案

b）这非常令人惊奇，因为那时科学家认为在生物体内发现的化学物质只能由活细胞组成。更令人惊奇的是，维勒作为一名医科学生研究了尿素，他用的是难闻的狗的尿。

将这些告诉你的化学老师——如果你敢的话！

3.美国工程师乔治·戈布尔试验用不同的方法，让他的烤肉架上的碎肉夹饼烤得快些。不幸的是，其中的一个方法烧着了烤肉。是哪一个？

a）用真空清洁器将空气吹到火里。

b）用加热的丙烷气体做燃料。

c）添加氧气助燃，燃料太凉了，以至于氧气都液化了。

可怕的危险警告！

不要如此尝试，如果你点着了你家的烤肉架（并能活着告诉我们你的惊险故事），你口袋里的钱一定会冒烟的。

答案

　　c）火能燃烧的原因是因为空气中的氧与燃料反应。以液氧形式存在的纯氧气被加热燃烧，燃烧得如此猛烈，以致发生爆炸。那就是为什么乔治提供给我们的不是香肠和土豆泥，而是爆炸声和碎片。

你敢……挑战化学实验吗？

　　非常希望你对尝试更多的实验有强烈的要求——伯金斯小姐当然是这么想的！那就是她为什么要对实验进行考试的原因。（作为一名老师，没有比提出一系列问题更让她喜欢的事情了。）

化学实验小测验

伯金斯小姐

现在，孩子们！你们有60分钟时间回答这些问题，然后我会收回答卷并为你们打分。哎呀！对不起！读者们！我突然以为我是在教室里呢！尽自己最大的努力做这些实验，我会给你们提供答案，以供核对！

在水中跳舞的葡萄干

需要准备的东西：

　　▶ 一中匙葡萄干或无糖葡萄干。
　　▶ 一个玻璃杯或一个平底宽口瓶。
　　▶ 一些咝咝冒着气泡的水或柠檬汽水。

做法：

1. 将咝咝冒着气泡的水倒入玻璃杯中。
2. 往杯子中加入葡萄干并观察……

你注意到了什么？

葡萄干沉向了水底，但接着气泡在葡萄干的皱褶里形成，在继续下沉之前，它们又升到了水面上。这会反复好几次。气泡就像翅膀一样——它们使葡萄干更有浮力，于是它们漂了起来。（嘘！我是在学校的游泳池里看到校长之后想出了这个实验的，他身子皱得像个葡萄干，他还戴着救生圈。哈哈！）

皱巴巴的
校长

皱巴巴的
葡萄干

科学注释

如果你想知道为什么气泡会在葡萄干上形成，请看第90~91页。

怎么能看到空气

需要准备的东西：

▶ 窗户下放一取暖装置或加热器。

▶ 一张桌子。

▶ 一个晴天。

▶ 一大张白纸。

做法：

1. 保证取暖装置是热的。

2. 将纸放在桌子上，让桌子靠近取暖装置，并让阳光能照到纸上。

你注意到了什么？

答案

打转儿的烟状图案出现在纸上。由于取暖装置周围的空气被加热，分子变暖，使得它们的运动变得更迅速。它们彼此分开，使受热的空气上升。现在，孩子们！我确信你们的科学老师想让我告诉你们这一现象的正确名称是"对流作用"。盯着由上升的空气形成的影子仔细观察，是不是很令人称奇？！

真有趣！

令人震惊的柠檬果汁

需要准备的东西：

▶ 一些柠檬果汁。

▶ 一杯温水。

▶ 一个茶包。

做法：

1. 将茶包浸入盛满水的玻璃杯中，水变成棕色。

2. 将柠檬果汁一滴一滴地滴到水里。

你注意到了什么？

答案

水变成了纯黄色。柠檬汁里含有酸，它将茶里的分子分解，使它们变淡。这种化学变化被称为"漂白"——你一定要记住这个词，我可能会在后面考你。浪费这杯茶有些可惜，于是我喝了它。是的，我确实喜欢一杯令人清新的柠檬茶。我曾给校长来了一杯，结果他一口吐了出来——从那以后他的脾气变得很坏。

高难度实验

需要准备的东西：

▶ 一个聚苯乙烯块或乒乓球。
▶ 一个盛满水的玻璃杯子。
▶ 几枚硬币。

做法：

1. 将乒乓球或聚苯乙烯块放到水上，它会移动到玻璃杯边缘。

2. 一个接一个地将硬币滑入水中（不要将它们扔进去），直到玻璃杯变满，水突出玻璃杯边沿但又没有溢出。

你注意到了什么？

答案

　　　球移到了中央。水分子之间被一种称为表面张力的弱电作用

力吸引，这种力使水分子结合在一起，以至于杯子里满是水，水

面向上凸出，但不会流出来。看，

孩子们！你能将它画到你的作业本

上吗？哦！对不起！我老是忘了，

我现在不是在上课！

嘿！

当然是在
中央了

球漂到了凸
起的最高点

球

玻璃杯

好奇怪的表达方式

　　一位科学家说：

水被转移了！

你说……

它干什么坏事
儿了？

答案

　　　这位科学家的解释是硬币将水往外推，这就是水上升的原因。

你肯定不知道！

　　化学家也许很聪明，但在过去，他们中的一些人做起事来，就像没长脑细胞一样。他们愚蠢得用鼻子闻，用嘴尝他们新发现的化学物质。你肯定不知道，人造糖是科学家在做实验时，舔吃了指头上的奇怪物质，发现有甜味而被发现的。但这很危险——如果这些化学物质是有毒的呢？

　　现在提供几个真正危险的实验……

　　这是一则关于两名科学家的故事——他们对气体如此着迷，以至于忘掉了实验的危险。他们的名字是约翰·霍尔丹（1892—1964）和他的爸爸老约翰·霍尔丹（1860—1936）（作为科学家，霍尔丹父子对他们的名字没什么想象力）。

　　老霍尔丹的日记看起来可能是这样的：

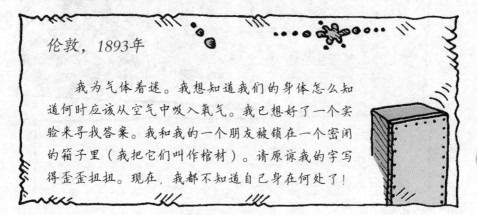

伦敦，1893年

　　我为气体着迷。我想知道我们的身体怎么知道何时应该从空气中吸入氧气。我已想好了一个实验来寻找答案。我和我的一个朋友被锁在一个密闭的箱子里（我把它们叫作棺材）。请原谅我的字写得歪歪扭扭。现在，我都不知道自己身在何处了！

我们正耗尽空气——这一定是由于我们正在用光箱子中空气里的氧气造成的。现在我们开始大口喘气。嗯，我想这已足够了，我快要晕过去了。如果没有人来救我们，我们会闷死的……救命！

（后来）哎，我们已被解放了，我刚刚恢复！依然觉得有些累。我可以用咖啡因来调整一下，我是说，到了喝咖啡的时间了（茶点时间）！

我已证明当血液中二氧化碳含量升高时，会使呼吸加速（顺便说一下，二氧化碳是我们呼出的废气）。我想血液中二氧化碳含量高时，会使呼吸加快，从而保证能够提供身体所需的氧气。

1894年

我的下一个实验是我从一个充满了气体的足球中吸气，足球里的气体中氧气的含量比空气中氧气的含量低。我的脸变蓝，我的胸口开始发闷——这是缺氧所致。看来我一定像个大花脸了。

哪天我一定要再试一次！

1895年

一些气体能要人命，于是我想亲自来做一次实验。实际上，当我听说了5个工人在吸入了一种恶臭气体并死于下水道之后，我于是有了这个计划。

无论如何，我将全身心投入到我的工作中（在下水道里），我发现这种气体是硫化氢——那就是他们在臭弹里放的气体。有时在屁里也能闻到它，吸入过多会使人窒息——所以我把臭气的安全等级提高了。

几个月后……

我刚刚开始实验另一种毒气——一氧化碳——对血液的作用（这种气体可阻止血液携带氧气。）幸运的是，我的小约翰提供了一些血液供实验——他是我的儿子！真是有其父必有其子啊！

1903年

我和小约翰在煤矿里实验吸入煤气的影响——这是一种含有甲烷（屁里含有的另一种气体）的混合气体。不管怎样，我只是要小约翰深吸一口气，然后念出莎士比亚的一段话……哦，他正在喘气，他喘不过气来了。他变得有些虚弱——看起来他正遭受缺氧的痛苦。是的，是的，是的——那就是我所说的成功的实验结果。

朋友，爱人，同胞们……

　　你不会要去尝试这些实验吧，对吗？

　　令人奇怪的是，小约翰很喜欢这些实验。是的，那要比去他的残忍的学校上学好，在那儿他被人欺辱，只是因为他太聪明。当他15岁时，年轻的小约翰开始用他妹妹的豚鼠做实验。他喂养了超过300只动物，证明不同的成对基因——如决定肤色和卷发的基因对，是相配的。

　　老约翰成为了科学家。他喜欢在潜水艇里做危险的水下实验。他死时，将他的遗体捐献给了科学事业……被用于医学实验。

　　怎么啦？你不喜欢在死人的身体上做科学实验？哦，亲爱的，下一章里的科学家真的喜欢用尸体做实验，但我确信他们会在某地挖出来一具。为什么不赶快翻看下一页，看看他们正在忙什么？

刺啦！

疯狂的力学实验

这个想法似乎有些荒诞……科学家可以用科学和数学的基础理论解释你生活中的每一次举动。他们甚至知道如果你坐着火箭去月球会发生什么事。这一切都归功于力学。

令人震惊的力学实验档案

名字：力学实验

基本事实：1. 力可以使物体移动或改变运动方向。例如万有引力使得砖块落向你的头顶，而你的警惕的朋友及时地将你推开。

嘿，又见面了！

2. 第一位用科学方法做实验的是我们的老朋友伽利略。还记得在第11~12页都说了些什么吗？

3. 他设计了一个实验，证明不同重量、相同体积的物体会以相同的速度下落。伽利略让不同重量的球滚下斜坡，发现这些球总是以相同的速度下滑。

好，嗯？

4.科学巨匠艾萨克·牛顿（1642—1727）在他的书——《自然哲学的数学原理》（1687）中，把数学概念增加到伽利略的思想和其他力学基本原理中。

哎哟！

原理

恐怖细节：我不想让你担忧，但的确有一些实验非常危险，包括汽车相撞，还有从离地几百米的气球上跳出等。

噢，但你不必太担忧，你想自己做这些令人恐惧的力学实验吗？

好啊！好啊！好啊！

不！

好，可以从诺曼.拉兹教授——一位爱出事故的发明家和科学家的书中，学着做这些实验。注意他的猫—泰德的行踪。

力学实验

诺曼·拉兹教授

力是令人着迷的。在忙了一天的发明以后，我最喜欢试着做一些力学实验。令人可悲的是，泰德不是我实验的热情拥护者，特别是在抛扔猫食的发射器出故障之后。

巨大的轮胎

你可能不知道橡胶轮胎是苏格兰人罗伯特·托马斯（1822—1873）发明的，他认为轮胎可以让马车跑得更快。1847年，他用一个实验证明了这点。下面是我的托马斯实验版本。

需要准备的东西：

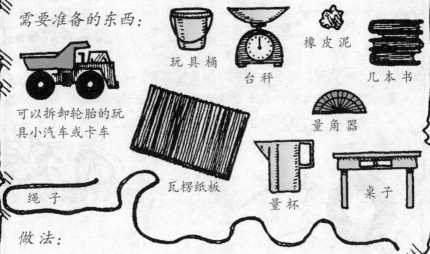

可以拆卸轮胎的玩具小汽车或卡车

玩具桶

台秤

橡皮泥

几本书

量角器

瓦楞纸板

量杯

桌子

绳子

做法：

1. 在桌子一端的桌腿下垫上几本书，让它倾斜，角度为10°。

2. 然后用橡皮泥把瓦楞纸板粘在桌面上。泰德，离那张桌子远点！

3. 把一根绳子系在玩具桶的提手上，另一端系在小汽车的前轴上。

4. 用量杯量50毫升的水，倒入水桶中。

瓦楞纸板

懒猫

卡车

书

量角器

10°

玩具桶

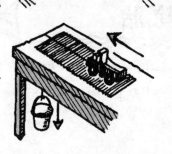

5. 现在，令人激动的时刻来了——把玩具桶挂在桌子抬高的一端，卡车放在瓦楞纸板的最低的一端。

6. 现在拆掉卡车的轮胎，重复步骤5。别动那玩具桶，泰德！

结果：

卡车被玩具桶里水的重力拉着往前走。但是当轮胎被拆掉后，卡车不能很轻易地在瓦楞纸板上移动。当泰德碰倒了玩具桶时，它被淋得浑身是水。

点评：

当橡胶轮胎走过有波纹的路时，轮胎被挤扁。没有橡胶轮胎的轮子走过有波纹的路时，轮子必须支起整个卡车，这样更费力，车辆走得更慢些。这就是托马斯实验要证明的。

你肯定不知道！

由于橡胶的短缺，托马斯的想法没有被运用到现实中。但是在1888年，当橡胶比较容易获取后，约翰·博伊德·邓洛普（1840—1921）重新记起了这个想法。他是在儿子被铁轮子的三轮车颠得屁股疼之后，有了这个想法的。

现在回到诺曼·拉兹的笔记本。

奇特的卡片

需要准备的东西:

卡片　　尺子　　图钉　　剪刀　　线轴

做法:

1. 剪出边长为3厘米的正方形卡片。

2. 把图钉摁在卡片中央,把它倒过来,以便让图钉的尖儿朝上。小心,泰德,尖儿很锋利的。

3. 最后把棉线轴放在卡片上面的图钉尖上,轻轻抬起线圈,深吸一口气,从洞中吹出去。

结果:

你可能会以为空气会把卡片吹下去——但实际上图钉和卡片同线轴一起抬高。是的,的确如此。直到泰德用爪子抓它,它才掉下来。哦,泰德,一会儿给你奉上晚餐!

我都等不及了!

点评:

吹出去的空气穿过线轴,在卡片上散开去。

吹气

空气压力

因为吹出去的气比卡片下的气流速度快、压力小（我们科学家把这种压力叫大气压），这样卡片下的空气就把卡片顶起来了。这样描述似乎有点复杂，但我希望左面的示意图能够解释得更清楚些。

神奇的水桶实验

可怕的肮脏警告！

这个实验最好在户外做！

需要准备的东西：

一个坐着（或躺着）的志愿者。待在那儿别动，泰德！

一张椅子以便站在上面

一个在把手上系有一根长40厘米绳子的玩具桶

一副人造革或皮革手套

做法：

1. 戴上手套好在实验中保护你的手，然后在桶里装上1/3的水。

2. 站在椅子上，确保周围有足够的空间，使我能抢着玩具桶转圈，而不会碰到志愿者。志愿者正忙着舔它的牛奶呢。

有足够的空间旋转一只猫——我的意思是玩具桶。

3. 抡着玩具桶转圈。

结 果：

甚至在玩具桶桶口朝下时，水都没有流出来。这时旋转的桶使劲砸向我，我浑身都被浇湿了。而这次泰德吓得"喵"的一声跑掉了。

离心力

点 评：

当玩具桶转圈时，里面的水试着以直线飞行（我们科学家把这称之为"离心力"）。玩具桶的边沿阻止直线运行，而离心力阻止水在重力作用下下落。

令人难以置信的袋子实验

需要准备的东西：

一个空的垃圾桶（注：一定要用新的垃圾袋和空的垃圾桶）。

一个新的垃圾袋

做法：

1. 把垃圾袋放在垃圾桶中，袋子的边沿悬在外边。

2.现在到了具有科学重要性的部分——我试着拿起垃圾桶中的袋子。

结果：

不撕破袋子而将它拿出来是不可能的。我又试着拿起袋子的一部分，另一部分就被吸住！泰德试图帮助我，结果用它的爪子刺破了袋子——于是就很容易地拿出来了。

我……噢！

点评：

空气的压力挤压着我们的身体，有大约两头大象的重量！噢，泰德，空气压力挤压着你，大约超过一匹马的重量。

空气压力

空气压力使袋子紧贴着桶的内壁

袋子使空气无法进入桶内，空气的重量压在袋子上，我就拎不动它。一旦袋子被弄破，空气进入袋子下面，袋子就很容易拿出来了。

四个著名的力学成就

1.1640年，法国科学家皮埃尔·伽桑狄（1592—1655）想知道从一辆运动的车上抛下一个球会怎样。例如：在空气中，球会向前还是向后？于是，他爬到一艘由奴隶划的大型船的桅杆上做实验。奴隶们被锁在船桨边很多年，他们不得不在他们坐的地方大小便，因此臭气熏天。

　　这位研究力学的法国人，扔下了一系列的球，他发现球直直地落下去了。换句话说，球是随着运动的船，向前下落的。

　　2. 科学家本杰明·罗宾逊（1707—1751）想出了一个测量物体运动速度的办法——把这个物体冲向一个很重的钟摆，物体的速度越快，钟摆摆得越高。于是这儿有一个实验方案——从一个很陡的斜坡上用最快的速度蹬你的自行车，然后撞向一个吊起的拳击沙袋，看看它能摆多高。

　　对于第二个想法，可能你的科学老师有兴趣尝试尝试。当你的老师骑着他的自行车到学校时，你甚至可以给他一个惊喜……

3. 高尔夫狂热者，苏格兰科学家彼特·古斯里·泰特（1831—1901）算出了飞行中的高尔夫球所受的力，古斯里花了9年时间用高尔夫球杆击打高尔夫球来做实验，闲暇之时，他也靠打高尔夫球放松头脑和身体。

他得出的结论是高尔夫球总是以低弧形抛出，在空气中螺旋上升。

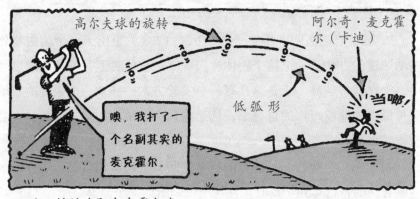

注：低弧球即麦克霍尔球。

其他高尔夫球手认为他总是在骗人，因此给他发了封信表示对他的痛恨。

4. 19世纪70年代，一个叫德·格里夫的比利时人，发明了一种由丝绸和棍子制成的、用杠杆控制的降落伞。他想试验跳出气球后，降落伞是如何工作的（事实上，降落伞下落时充满空气，这样使得下落速度变慢）。这个实验有些时候很艰苦——例如，当德·格里夫触地时就遇到了麻烦。

这里充
满空气

这里充
满空气

这是个空气浮
力的实验。

格里夫终于着陆了，只可惜他的降落伞落在了泰晤士河上。可怜的格里夫——他全身心地投入工作之中，只可叹他在水中游泳的时间比他预计的要长。

你能成为一名力学专家吗?

1. 1848年，伦敦到处都是关于鬼怪的流言。最时髦的要数降神会。在降神会上，一圈人把他们的手压在桌子上，努力地思考。大家普遍认为鬼神通过倾翻桌子传递着信息。当米切尔·法拉第做了一个实验测试这种传言时，会出现什么情况呢?

a）无头鬼出现了，追逐着科学家。

b）实验证明，桌子倾翻是由于疲劳的手指抽搐引起的。

c）科学家发现降神会的组织者是骗子，他们在桌子腿上系了绳子。

今晚名副其实的
降神会
（没有系绳子的）

2. 1909年，一个叫梅耶·汉德卡斯托的人想知道射到空中的子弹会怎样。于是他坐在河中的一艘小船上，用他的来复枪连续向空中射击，他的管家不得不去捡落在岸上的子弹，而保护他的仅仅是头上顶的一本厚书。

这个实验怎样结束？

a）一发子弹击中了一只飞着的鸭子，死鸭子从空中落下来，击中了管家的头。

b）落下的子弹打伤了梅耶。

c）没有人被射到，因为子弹不会以直线下落。

你能……发现力吗?

你会成为令人着迷的力学专家吗?

噢,假如你能得出拉兹教授为你设计的这些疯狂实验的结果,那么你可能会被认为有这样的潜质。

力学实验小测验

诺曼·拉兹教授

泰德和我有一段迷人的科学时间做这些实验(噢,无论如何我都做),我希望你也有同样的兴趣,并预测它们的结果。

飞球实验

需要准备的东西:

吹风机 ←

乒乓球或者
聚酯球

塑料漏斗

可怕的家庭警告!

吹风机会有危险,未经同意不得随便用吹风机。如果吹风机是你姐姐的,你可能死定了,哦,还有,不要把吹风机放在离水近的地方。

做法:

1. 把吹风机调到低功率挡上,口朝上。把球放在气流中,这个球就飘浮起来。泰德,不许碰那个球!

117

2. 现在把这个球放在漏斗里，对着漏斗管吹风。

你注意到了什么？

答案

看，泰德，——这次球没有飘起来！在第一种情况下，从吹风机里吹出的空气的力足以支持球的重量，球就飘了起来。然而，漏斗使得空气从球的周围吹过，而不是将球向上吹起。球上面相对运动较慢的空气把球往下压，使球陷在漏斗里。我画了一张图来示意各种作用力。

空气压力

吹！

不能将吹风机靠在漏斗口上。

空气压力实验

需要准备的东西：　　　　　两只玻璃杯 →

一个水槽或一个洗过的碗（做实验之前必须把用具洗干净）。

做法：

1. 将一只玻璃杯放在水里，使杯口朝下，把玻璃杯拿起来一点，让玻璃杯的边沿还浸在水中，杯中仍然充满水，因为空气对杯周围的水有压力，使得杯中的水位升高。嗯，我想还是再另外画一张示意图吧。

2. 将第二只玻璃杯杯口朝下放入水中，这样空气就留在玻璃杯中了。

3. 小心移动第二只玻璃杯，让它刚好在充满水的玻璃杯下方，慢慢地以正确的方式将第二只杯子倾斜，气泡应该上升到充满水的玻璃杯中。

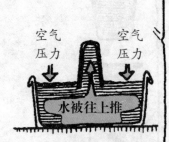

空气压力　空气压力

水被往上推

气泡

你注意到了什么？

答案

空玻璃杯

充满水的玻璃杯空了！空气的压力把水排出去了。是的，这个实验是真正在冲洗杯子。对不起，这不过是一个玩笑！

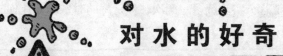

对水的好奇

可怕的肮脏警告！

这个实验最好在屋外做，如果淹了你家的房子，你的零用钱可能会消失在澡盆的排水口里！

需要准备的东西：

玻璃杯（但不要高的那种）

一块边长为12厘米的正方形厚纸板

做法：

1. 把杯子注满水，并且让水高出杯沿儿少许。

2. 轻轻地把纸板推过杯子表面——确保没有水珠和水溅出来。

3. 小心地将杯子和纸板倒过来，你应该用一只手抓住杯子，另一只手托住纸板，再次确定没有水珠溅出来。

4. 好——你已经准备好了吗？移开你托着纸板的手……是的，你要好好读懂这一段，继续！一切都会好的……

可怕的困难警告！

你可能需要把这个实验练习一两次，但是练的时候不要让你的弟弟、妹妹待在下边。

你注意到了什么？

答案

纸板依然在杯沿儿上，而且水还在杯子里！由于杯子中没有空气从上面推纸板，向上推的空气压力足够大，它使纸板继续向上顶在杯子的边沿儿。

空气压力

纸 的 力 量

需要准备的东西：

一张A4纸

两个罐头瓶子或两
摞书

小的重物（你可
以用小的没有打
开包装的酸乳酪
或者玩具木块）

做法：

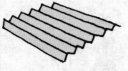

1. 把纸叠成锯齿形，每一个折痕深2
厘米。

2. 把两个罐子分开放，
相距15厘米，皱折的锯齿纸
横放在两个罐子上。

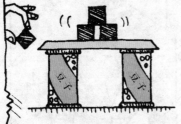

3. 现在把重物放在用罐子
搭起的纸上。

你注意到了什么？

答 案

令人吃惊的是，纸没有
塌陷！叠出的锯齿形折皱能把
重力分散，这小小的纸片能支
撑起600克的重量，相当于一
只8周大的小猫那么重，而不
是像你这样的肥猫，泰德！

可恶！

身体的平衡性测试

需要准备的东西：

你自己的身体　　　一面墙　　　硬币　尺子

做法：

1. 把一枚硬币放在离墙壁70厘米的地板上。

2. 你背靠着墙站立，脚后跟紧贴着墙跟。

3. 试着弯腰捡起硬币，脚后跟不能离开墙（也不许你屈膝弯腰蹲下）。

墙

硬币

70厘米

来!

你注意到了什么？

答案

这确实很困难！你的每一个动作都要根据重力调整身体平衡，当你弯腰时不得不突出你的，嗯，——我该怎么称呼它？啊，是的，突出你的后部来平衡你弯腰时上身所用的力。

用这种方式靠在墙上是做不到这件事的——不向前倒，你几乎不可能捡起硬币。我请旺达·维耶来试试，但我担心她是不会答应的。

谈到力与身体——你可知道有些关于力的实验必须要借助你的身体吗？是的，我们正在谈论撞击实验——你将和想出这个点子的人在这么多的实验中，一起经历碰撞的过程。

他没有用仿真人做碰撞试验……

令人惊讶的陆军上校
约翰·斯坦普

我了解他，是通过他的助手汉克·传布尔

你想认识我的老板美国空军上校斯坦普吗？他可真是一流人物。我对他佩服得五体投地。我宁愿为他做任何事——除了爬到他的疯狂火箭里，即使把诺克斯要塞的所有金子都给我，我也不会做这种疯狂的蠢事！

我第一次遇见上校要追溯到*1955*年。其实，说实在的，我认为他是个特别的小伙子。他不耐看，身子圆圆滚滚的，方方正正的额头，留着寸头，大而竖起的耳朵，还有永远有点夸张的笑脸。但是话说回来，他可真勇敢！

"传布尔，"他说："我必须做这些危险的实验，我是为了那些开喷气机的小伙子们才搞这些研究的，这样我们可以让他们的飞行尽可能地安全。"多善良的小伙子！

于是上校和几个疯狂的志愿者依次坐在这张摇晃的救生椅上，去撞一根大杆子。上校问我是否也想试一把，但是看到那些受伤的小伙子们身上的累累伤痕，我放弃了。上校一点儿也没有不高兴，一点儿都没有，他的心里想着更为危险的事情……

救生椅是个有扶手的金属盒子，上校称它为"吱——嗖"，由火箭供给能量。他的计划是点燃火箭，让这盒子以每小时600英里的速度冲到缓冲器上——和他一起！我永远不会忘记第一次实验。

"传布尔，你愿意和我一起试试吗？你会感觉像真的飞机碰撞。"上校说。

我看到他的眼睛在闪烁，我勉强微笑了一下，说："不，斯坦普上校，我想我还是在一边看着比较好。"（"传布尔"和"颤抖"的英文都是*"tremble"*）

上校回答说："那就这样吧！"

我结结巴巴地问："先生，这样安全吗？"

上校说："只有一种办法可以知道结果。"他摇摇晃晃地坐进驾驶座舱，技工将他绑在座位上，递给他一顶闪亮的头盔。一位医生给斯坦普上校量了血压，虽然我什么都不想说，可是我认为他真的是在送死。

随着一声轰鸣，火箭点火了，一团烟雾包围了那盒子。然后，我看到盒子像导弹一样沿着轨道快速向前冲去。我不敢再看，于是闭上眼睛。这时，我听到一阵碰撞声。一瞬间，声音像冲击波一样从我体内穿过。我想象着上校的身体一定是惨不忍睹。我不敢睁开眼睛，于是取下帽子以表敬意。

那天上校成了世界上运动得最快的人。后来我看见他被人抬了出来。他仍然活着，但他的眼睛在流血，浑身是伤，他不再咧嘴笑了。于是我想，他或许会就此罢手停止实验，但是我错了。

"我明天还会回来的。"上校声音嘶哑地说。

他就是这样做的。总之，上校经历了26次严峻的考验，他还活着真是个奇迹！后来，上校有了用仿真人测试的想法。

26

于是他让一位假肢设计者做了一个仿真人，这是世界上第一次在碰撞实验中使用仿真人。他想查出飞行员从高空坠落时会发生什么——于是他将仿真人从飞机上扔下。一切进展顺利，只是后来那个讨厌的仿真人掉进了流动戏院。观众被吓得喘不过气来。

你肯定不知道！

1. 上校因在汽车碰撞实验中使用活猪而被解雇（我打赌他们在伤害实验中，喜欢听到猪的呼噜声）。 没有人为可怜的猪烦恼，但是汽车制造商抱怨说他们不喜欢有人强调他们汽车的危险性。但是上校是正确的。1966年，美国法律规定：所有新款汽车必须做碰撞测试。

2. 另一位勇敢的碰撞实验者是美国教授拉瑞·帕特里克。他自愿被绑在汽车里撞向一面墙。尽管测试时他的胸部就像被大锤猛击一样难受，但他还是在一天之中重复做了6次。在教授的退休欢送会上，每个人都观看了一部愉快的测试电影，名字叫作"疯狂的拉瑞又开始了"。

仿真人碰撞实验需要复杂的测试装置，花费超过10万美元。但是假如你想自己做碰撞实验，你可能付不起这么高的代价，别难过，这儿有个比较便宜的方法。你或许相信这是真的——但是科学家真的已经把真实的尸体当成撞击实验中的仿真人。

读读这些令人恐怖的细节吧……

碰撞实验

杂志

如何用一具尸体做你碰撞
实验中的仿真人

谢谢读者为我们提供了一些用尸体做碰撞实验的建议。那么，朋友们，这儿有你需要的所有信息！

第一步：准备尸体

死尸在放置几小时后就会变硬，因此你需要一具刚死的尸体——但首先要确保真的死了，小心亲属和牧师找你算账，他们可能会对你使用亲爱的老伯特叔叔的遗体感到悲痛。

测试技巧： 假如尸体已经变硬了，为了使尸体变软到能坐进汽车里，活动活动四肢是一个好的办法。

第二步：伤口

尸体被碰撞后不会有青肿，确实有点遗憾，它不能真实模拟碰撞的伤痕。

为什么不给心脏注入一种特殊的染料——染料可以流过血管甚至心脏——即使心脏不再跳动，这样尸体在实验中被碰撞后，就可以留下青肿的痕迹。

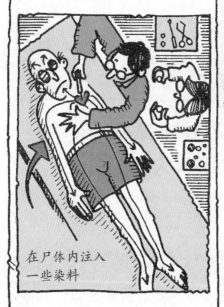

在尸体内注入一些染料

第三步：检查骨头

你可能想知道撞击力对骨头的影响，最好的方法是把尸体切开，把记录仪固定在骨头上。

测试技巧：不要忘了把尸体缝补好，并给他穿上衣服。这样，到出殡那天，

他看起来会好看点儿、体面点儿。

太潇洒了！

第四步：运用你的大脑

想知道在碰撞中头部会有什么反应吗？噢，你可要好好动动你的脑子！你最好切下尸体的头颅，在大脑中安一根探针，测试在碰撞实验中头的晃动情况，然后把头同身体重新缝合好。

正确　　　错误

测试技巧：

你应该有一大笔钱好购置一台高速X射线机器。

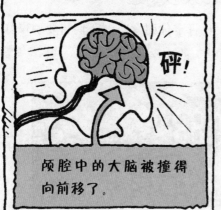

颅腔中的大脑被撞得向前移了。

这种做法听起来不太人道，但利用尸体做实验却有很多好处。

▶ 测试显示了人的身体在撞击后有什么影响。

▶ 这些数据可以帮助我们设计逼真的仿真人和安全装置，诸如气囊和缓解碰撞冲力的可塌陷方向盘。

▶ 代价比较小而且死尸也不会抱怨。

把这个仿真人用点子做上记号

你肯定不知道！

2000年，一个澳大利亚汽车制造商用一个假的大袋鼠做了一个碰撞实验，以验证当汽车撞击大袋鼠时会发生什么情况。这在澳大利亚是很常见的事故（假如假袋鼠不能很好地显示结果，科学家可能会发疯的）。

经过所有这些碰撞实验你仍然完好地活着吗？那么接下来准备迎接更危险的挑战吧，这么说或许有点夸张。噢，在下一个爆炸性的章节里你就能领教它有多厉害了。我肯定，爆炸时必定伴随着巨响。

伴有剧烈震动和巨大响声的实验

这一章是有关爆炸和噪声的。我肯定你愿意听到我们将要引爆炸药。是的，我们打算炸毁这所"可爱"的小学校。

我确信，当小学生们发现他们的学校将要被毁掉时，他们将会感到很不安。

但是这样做的最好的理由，是它将让我们看到爆炸的影响，并介绍有关的实验。但是在我们开始引爆之前，正好有时间看几个事实。

令人震惊的爆炸实验档案

名　称：爆炸

基本事实：爆炸是一个无法控制的化学反应，这个反应会释放出大量的光、热、声音，以及一种叫作冲击波的能量波。如果你不幸被它击中，你可以跟世界挥手拜拜了。

爆炸性细节：一些科学家有意将爆炸作为他们实验的一部分。继续读——爆炸！

光　热

砰！

声音　冲击波

你肯定不知道!

1880年，美国发酵专家丹尼尔·拉格尔斯试图通过将云引爆而产生雷雨。

雷雨云

高空飞行的气球

装满爆炸物的容器

引爆所用的电缆

拉格尔斯

实验中

砰！

事实上，爆炸对云没有影响，因为天迟早要下雨。拉格尔斯只是又一位拥有满脑子怪念头的迂腐的科学家。

可怕的危险警告!

在雷雨天放风筝是非常危险的事情。如果你有这个想法，我要告诉你：你的所有计划将变成灰烬（连同你的余生一起）!

接着谈论爆炸，这个领域最著名的科学家之一，是一个相当可怜的瑞典人。

噢，对不起! ——我的意思是指一个瑞典人碰巧性格忧郁，我们就要去见他，虽然他已经死了好些年了。是的，为了和他临终告别，我们已经把阿尔弗雷德·诺贝尔挖掘出来了。

死去了的聪明鬼

阿尔弗雷德·诺贝尔（1833—1896）

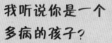

我听说你是一个多病的孩子？

是的，但是，自从我死了之后，我感觉到我的身体更糟糕了。

并且你的发明家爸爸花掉了所有的积蓄……

是的，他发明了炸弹，但是他也炸掉了发财的机会。

等你长大后，你帮助你哥哥和爸爸制造叫硝化甘油的炸药。

轰！

我忽然想起用雷汞的主意——通过压碎机施加压力使炸药爆炸。

那危险吗？

是，我肯定成了碎片。

1864年，你的工厂炸毁了。你哥哥被炸死了，你爸爸一阵痉挛之后成了残废。你呢？

那是一次可怕的爆炸！

两年后，你的新厂子又被炸毁了。

我的希望也被炸毁了。

133

为了制出安全的炸药，你做过无数次实验。你曾经将像锯末一样的物品添加到硝化甘油中。

我知道那是愚钝的工作。

最后，你试着把炸药和硅藻土混合。硅藻土是由小的压碎的水生物组成的一种物质。并且那个确实管用。

是的，我们举行了一个大爆炸来庆祝。

你继续实验，在1875年发明了爆炸胶。

是的，我放一些火棉胶杀菌剂到伤口上，并且提出了把火棉胶和炸药混合，以制造一种更有威力的爆炸的想法。

火棉胶＋炸药
＝大爆炸

火棉胶很容易燃烧……

是的，我这里有一些，我正好能演示演示……

砰！

妈呀！

你肯定不知道!

　　火棉胶是一种非常有用的材料。一种被称为赛璐珞的塑料的发明就是从火棉胶得到的启示,你知道吗?美国发明家约翰·韦斯利·海厄特(1837—1920)划破了他的手指,里边溢出了体液滴进了火棉胶形成一团黏黏的物质。他把别的物质与之相混合,从而制造出了赛璐珞。虽然这种新型塑料能被制成撞球、薄膜、纽扣和假牙,但当它被加热时它就会爆炸。这意味着某些人将遭受假牙爆炸的痛苦,衣领也会着火,因为他们的衣领也是用赛璐珞制成的。

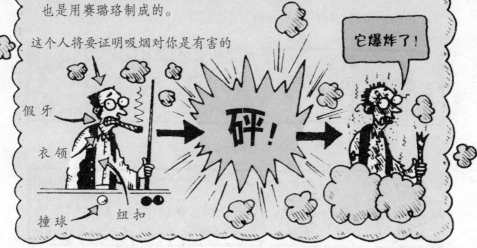

这个人将要证明吸烟对你是有害的

它爆炸了!

假牙

衣领

砰!

撞球　　纽扣

　　需要提醒你的是,相对于下一页的爆炸(它将把你炸飞)而言,那点儿小小的发出砰的响声的物体是无关紧要的——它会把你炸飞的!

　　好,那所学校正准备被炸飞……

到演示的时候了!

我们在支撑房屋的柱子上钻了洞,并在洞中装好了炸药。

可爱的学校

然后我们用六角形网眼轻质铁丝网和硬布包将柱子裹住，以便全部吸收爆炸产生的力。这能确保炸毁柱子而不推倒周围的房子。

我们已经检查了学校，以确保没有孩子在里面，并将所有人都清出房间。哦——我们不要忘记学校里的猫、低级的老鼠和竹节虫。好，我想，该到引爆炸药的时候了。

10，9，8，7……

哦，对——我想应该有人让老师们也出来了吧……

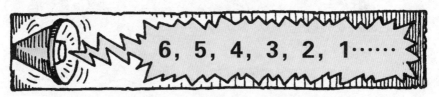

6，5，4，3，2，1……

爆炸！

在等候烟尘消散的时候，我们来看看下面这个爆炸测验。

爆炸实验测验

所有问题都只有三种可能的答案：

a）科学家被炸飞了。

b）科学家活着，但实验室被炸飞了。

c）是发生了爆炸，但损失很小。

1. 1500年，中国科学家万户尝试了一个勇敢而发疯的实验。他决定发明有人驾驶的火箭飞行器。于是，他在自己的椅子背后绑了47只火箭，他坐好，并点燃了导火线。发生了什么事？

2. 发明家托马斯·爱迪生（1847—1931）要以爆炸的能量为动力使直升机飞行——可能他真的想飞起来。结果怎么样呢？

3. 20世纪90年代科学家史蒂夫·斯帕克斯（不，我没有虚构这些名字）做了一个实验，来展示火山是怎样喷发的。斯帕克斯也飞起来了吗？

4. 如果你加热液态氮（它是一种气体，已经被冷却成液体），它就会转变成气体并产生爆炸力。美国科学家马克·莱泽想用这种方法发射一个水容器进入太空。接着发生了什么？

答案

1. a）椅子爆炸了，这位科学家着陆时已成了碎片。对，如果火箭飞起来了，那么科学家可能会乐开了花，而不是被炸成碎片。

2. b）一个火花炸毁了机器，并且爱迪生的实验室随着机器一起被炸毁了。

3. c）这位科学家生产了一种丙酮和松树脂的混合物。加热它，一直达到火山爆发的内部条件。——丙酮变成了气体并在松脂中形成了气泡，当气泡到达表面时，整个东西爆炸了。

4. c）那个水容器上升了几米，然后又落回了地面。

现在，学校爆炸引起的灰尘渐渐落下来了，让我们看看留下了什么，还能找到学校的影儿吗？

正如所计划的那样，炸药破坏了支撑学校的柱子。那是一个人工操控的爆炸，建筑物倒塌成了一堆废墟，但碎片并没有向四面飞散。那就是我所称的了不起的成功！

现在，我希望你受到激发，亲自尝试一些爆炸性实验（当你上学时千万记着把炸药留在家里）。我们好不容易偷看了一眼科学家旺达·维耶的笔记本，将她的实验做完。

哦！是的——别紧张，自己试着做！

能量实验

旺达·维耶

我的研究包括非控制放热反应效应和热能的分子效应。

抱歉，各位读者，下面我来翻译一下：旺达说她对各种炸药的效果，以及热如何影响不同物质很感兴趣。

模拟水下火山

火山冒烟是因为来自火山的热空气使灰尘向上飘浮。这种令人着迷的热的对流效应也会伴随着水下的火山发生。

需要准备的东西：

胶带和剪刀

水壶

大玻璃碗

一些食用色素

一个小塑料洗发水瓶（15～60毫升）

一个大卵石或大块塑胶黏土或用于制作模型的黏土

139

继续 ➡

做法：

1. 在大碗里装满冷水。

2. 用胶带把小瓶绑到卵石上。（要是我更多点艺术细胞，就会用制作模型的黏土制造一个火山模型，并且将它裹在瓶子周围。）

3. 在水壶中烧些开水，并晾两分钟。

4. 加两滴食用色素到小瓶中，然后向瓶中加热水，直到加满为止。

可怕的危险警告！

水依旧很热，因此要请求大人的帮助（为了防止大人被烫伤，在他们接触热水之前，你要一直告诉他们不要直接触碰热水！）。

5. 现在基本上准备好了！把小瓶放进有水的大碗里，坐回去欣赏表演。

太令人惊奇了！

结果：

有颜色的热水像水下火山的烟尘一样升起来。它在冷水中形成了螺旋状或云状，然后在表面散开。在随后的10分钟里，有色水开始下沉。嗯，多么令人着迷啊……

点评：

　　热水分子有更多热能，并且这个热能使得它们相互疏远。通过这种方式，热水的密度比冷水的小——因此它向上运动。

好奇怪的表达方式

一个科学家说：　　　　　　　　　　　你说什么？

你的密度比水的大。

啊，跟谁比？和我吗？

答案

　　不，他说的是你的密度比水大，不是比汪特密度大。当一种物质与其体积相比它是重的，就说明这种物质的密度大。你的身体比相同体积的水稍重一点。这就是为什么你游泳的时候，身体的大部分在水下的原因。你的肺和肠里的空气，可以使你获得更多的浮力，所以你才能漂着。

能发出响声的火箭

　　我总在设想自己是一个火箭专家，这个实验将展示火箭是怎样工作的。

可怕的肮脏警告！

　　这是一个令人毛骨悚然的肮脏的实验。必须在户外进行，否则等你爸妈发现的话，你就没好日子过了。

继续 ➡

需要准备的东西：

 胶卷盒

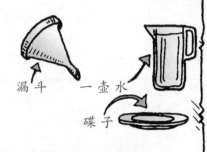

漏斗　一壶水

碟子

 擀面杖

两片苏打或者两片假牙清洗片
（在这个实验中我用了最后的两
片苏打，结果犯了一个错误，导
致教授第二天早晨腹泻）

做法：

1. 在碟子上将
药片弄成几块，并用
擀面杖将其压碎。

2. 把漏斗插入胶卷盒中，将那些药粉倒
入漏斗里，流入盒内。

3. 现在，令人激动的时刻到
了！向盒中加入1/3体积的水，迅速
盖好盖子，颠倒过来放在桌子上。这
时泰德（教授的猫），跳到桌子上。
泰德，走开！

结果：

哦！盒子像火箭一样发射出去，
泰德也像火箭一样蹿出去。泰德要是
回来的话，我必须在教授看到它之
前，将它毛里的苏打粉刷干净。

喵！

点评：

火箭之所以能飞，是由于爆炸性燃料向后喷发的结果。向后喷发的结果是将火箭推向前！我做的这个火箭是以化学反应为动力的，水和那些药粉混合产生的二氧化碳气体迅速膨胀，形成的气团将盒盖冲开，并将盒子反弹向空中。

令人惊奇的气球

需要准备的东西：

一块尺寸为12厘米×1.75厘米的胶带

气球　　一根针

做法：

1. 吹大气球，然后系紧出气口。

2. 将胶带粘在气球上。

3. 现在，令人激动的时刻到了！慢慢地用针刺破胶带，刺进气球。教授和泰德赶快去找藏身之处了。

啊！

143

继续

结果：

什么事情都没有发生，空气只是从被针扎破的洞向外逃逸，但没有爆炸。

当你吹胀气球时，橡皮伸长，同时也储存了这个胀力的能量。通常，由于能量被突然释放，撕开气球，从而使气球爆炸。而粘在气球上面的胶带阻止了气球的破裂，所以气球没有爆炸。

通过这个方法，你注意到那个实验是多么的平静吗？

通常，当气球或一些东西爆炸（像第136页的学校）时，能量以声音的形式释放。谈到声音，是该探讨一下这个话题的时候了。

改变世界的声音实验档案

名字：声音

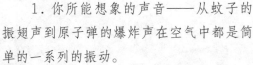

基本事实：

1. 你所能想象的声音——从蚊子的振翅声到原子弹的爆炸声在空气中都是简单的一系列的振动。

2. 科学家把这些振动叫作"声波"，并且我们用耳朵可以探测到声波。

仔细听……

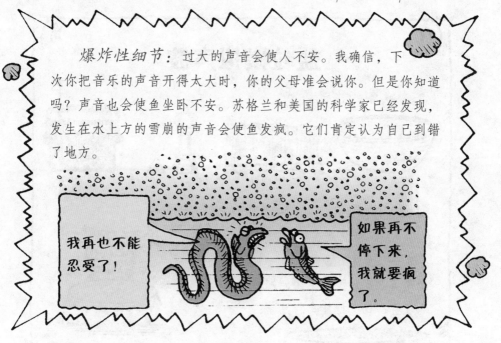

爆炸性细节：过大的声音会使人不安。我确信，下次你把音乐的声音开得太大时，你的父母准会说你。但是你知道吗？声音也会使鱼坐卧不安。苏格兰和美国的科学家已经发现，发生在水上方的雪崩的声音会使鱼发疯。它们肯定认为自己到错了地方。

我再也不能忍受了！

如果再不停下来，我就要疯了。

你敢……发现声音吗？

那么，你喜欢噪声实验的声音吗？噢，你将有幸听到旺达·维耶准备了更多的实验让你来快速抢答她提出的问题。不，他们不是刻意要对付你养的小金鱼。旺达向我们保证，气球是安全的……

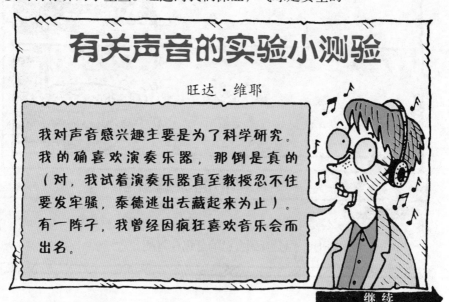

有关声音的实验小测验

旺达·维耶

我对声音感兴趣主要是为了科学研究。我的确喜欢演奏乐器，那倒是真的（对，我试着演奏乐器直至教授忍不住要发牢骚，泰德逃出去藏起来为止）。有一阵子，我曾经因疯狂喜欢音乐会而出名。

145

继续 ➡

盐粒模拟声波

需要准备的东西：

一只碗

一些胶纸

一些盐

收音机

做法：

1. 把胶纸蒙在碗上，确保粘贴牢靠——如果你能像敲鼓一样敲它，就说明很牢靠了。泰德，别那么紧张地盯着，我没打算真的敲它！

2. 在胶纸上撒些盐。

3. 在距离碗有几厘米的地方打开收音机，以最大声音播放音乐。噢，对不起教授，我没注意到你在午休！

你注意到了什么：

 答案

盐粒在胶纸上跳舞，那是因为从收音机传出的声波使胶纸产生振动。

可怕的家庭警告！

不要在凌晨5点做这个实验，否则当你被愤怒的父母吓得发抖时，你会听到自己的牙齿在打战。

非常刺耳的声音

需要准备的东西：

一些食用油

一片聚苯乙烯塑料

一种玻璃制品，如一只碗，一块镜子或一面窗户

做法：

1. 轻轻蘸湿聚苯乙烯。

2. 在玻璃上摩擦聚苯乙烯。

3. 在玻璃上涂些油，重复做法2。

答案

你喜欢做法2中产生的声音吗？这种声波是由聚苯乙烯在玻璃上的抖动而产生的。泰德憎恨这种声音。它跑了出去，爬到一棵大树的顶上。我不得不让消防队来解救它。对于我们的耳朵（还有猫的）来说，这种声音听起来是可怕的，因为这种声波具有不均匀的间歇（大多数音乐的声波是具有规则间歇的声音）。

油使聚苯乙烯在玻璃上安静地滑动。啊哈！太好了！

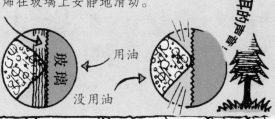

玻璃 用油

没用油

喵！

刺耳的声音

继续

可怕的家庭警告！

当家里其他人在看电视时，不要制造这种声音。
否则，你可能听到一片可怕的尖叫抗议声。

用玻璃杯演奏的音乐

可怕的困难警告！

这是很难的实验，所以你可能不得不哀求大人帮
助完成。

需要准备的东西：

 ← 一些水

一个手指
（你自己
的）

酒杯

做法：

1. 仔细洗手并晾干（我
认真地洗手。如果教授发现他
的心爱的酒杯上有肮脏的污
垢，他会不高兴的）。

2. 蘸湿你的指尖（不，
不是用唾液，而是用水），
环绕着玻璃杯顶部边缘轻轻地
划。你的手指应是刚刚接触玻
璃，而不要用力压着搓。

轻抚！

答案

丁零零!

你能听到一种铃声。这个迷人的声音效应是由你的手指在玻璃上产生的振动引起的，但是当玻璃杯和杯中的空气也振动时，声音会变大（不，泰德，你不能试——哦，

亲爱的,酒

杯遭受了破坏性的与地面的

高速碰撞）。加入半杯水，你会发现，杯中的水越多，产生的声音越低沉。水减慢了振动的速度，使进入耳朵的声音低沉。你能用几个玻璃杯来演奏乐曲吗？我试了，但不幸的是，教授进来了，我只好对他做一番解释。

嗯，好听!

要说话的气球

需要准备的东西：

你可能会惊奇，这个实验简单到真的只需要一只气球。

做　法

1. 吹起气球，然后放掉空气，重复几次直至气球美观而有弹性。

第4次!

2. 吹起气球，捏住气球的颈部，不让空气外漏。

3. 现在，捏起气球的两边，使之完全分离。

你注意到了什么：

答案

你听到一个哀鸣的声音。通过使气球颈变宽或变窄；你就可以演奏乐曲！你的声带也是以相同的方式工作的。它们是在你的喉咙里发声的，改变它的形状，使之变短会使声音变尖。泰德，把你的爪子离气球远点。哦，泰德，别被巨响吓着！

你肯定不知道！

（希望泰德没看到这个！）1863年，16岁的科学家亚历山大·格雷厄姆·贝尔（1847—1922）决定研究声带是怎样工作的。他家的猫刚刚死了，于是他把猫的喉咙剪开来，观察"喵"的声音是怎样发出来的。不要在你的宠物猫身上试哟！尤其他还活着的时候！现在，还是回到旺达的实验……

听听这儿！

需要准备的东西：

手表　　　汤碗　　　雨伞（我借教授的）

可怕的家庭警告！

在屋里撑开雨伞，可能会将易碎的古董打破，更不幸的是你没了零花钱。别怪我，事先告诉过你的！

做法：

1. 将表放入碗中，并将碗放在地上。

2. 站在碗的一边，打开雨伞。泰德，不要在碗周围嘀嘀咕咕——你会扰乱这次实验的！

3. 把头偏向一侧，一只耳朵靠近伞把，塞住另一只耳朵。

滴答！

你注意到了什么：

答案

你能听到表的"滴答"声。这个声音好像是从伞里发出来的。那太让人迷惑了，你不这样认为吗？抱歉，我是想和你开个玩笑。其实声音是从表里发出的，被雨伞反射，而后进入你的耳朵。我画了个图样，你看看就更明白了。

雨伞

声音

旺达的耳朵

碗

迷惑的猫

你肯定不知道!

维多利亚女王时代,有一个教区牧师叫列弗·约翰·布莱克本。在他的布道坛的后面,建造了一个庞大的回音壁来帮助人们听清他的说教。不幸的是,回音壁将所有的声音都反射向坐在教堂中央的一个人,而其他人反而更听不清楚了。

别担心,你们不会有任何损失的!

对了,就谈到这儿,我肯定你已经听到所有有关声音和爆炸的事情了。但是,还有一种爆炸效应你可能没有见过。那是什么呢?在下一章,嗡嗡声将把光隐藏在神秘之中…

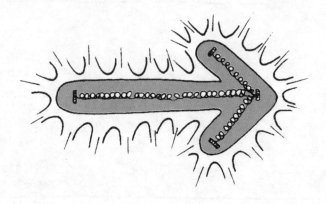

闪耀的光电实验

是的，实际上，光和电是由爆炸产生的。看看这张描述火山爆炸并毁掉整座城市的雅致照片……

科学注释

闪电是巨大的电闪光——由许多细小的微尘摩擦产生的（更详细的内容参见第171页）。顺便说一下，闪电和电的唯一区别就是你不必为闪电付钱，哈哈！

在乌云中电产生光。

光从又红又烫的熔岩中发出来。

发生了什么事呢？

好吧，咱们先从光说起。我确信这些迷人的真相会令这一题目增色不少……

令人震惊的光电实验档案

名字：光

基本事实：

1. 产生光的动力来自电子，它们是不停地绕原子飞来飞去的小能量球。令人奇怪的是它们居然不头晕眼花！

原子

头晕！

电子

2.电子以被称为光子的能量小球的形式放出光，当原子被加热并试图冷却下来时就会放出光。

3.很显然，又红又烫的熔岩中的原子被加热得很厉害。

爆炸性细节：

光运行得很快。我的意思是它比老师在大风天里追他的假发要快，比一群6岁大的向糖果店跑去的孩子还要快。它甚至比因为严重腹泻而冲向厕所的学校恶霸还快。

光到底有多快？

好吧，准确地说它每秒钟能跑299 792 458米。令人咂舌吧？你也会咂舌的！

▶ 站在银色的月光里，照在你脸上的光在1.25秒以前还在月球表面。

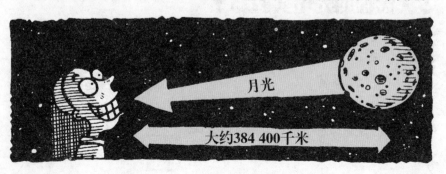

▶ 站在阳光下，照在你脸颊上的热辣辣的阳光，8分钟前还在太阳表面。

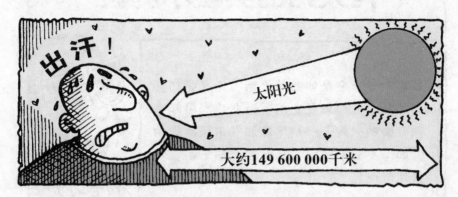

太阳光

大约149 600 000千米

▶ 如果这还让你觉得有点慢的话，那么想象一下这个：光子不仅以直线形式运动，它们还非常非常快地来回振动：一秒超过400 000 000 000 000 000 000（40 000亿亿）次（这些快速的振动被称为光波）。

友好地挥手——
每秒钟挥动100次

光的晃动——光子每秒振动
400 000 000 000 000 000 000次

哟！ 在下一束光放出之前，最好还是坐下来喝杯冷饮，好让你的能量消除……

你敢……发现光实验是怎么回事吗？

这是一个由光、电和磁科学家布热芙教授设计的一个实验。别担心——你一定能很轻松地搞定这些问题的！

有关光的实验小测验

布热芙教授

我喜欢光！它是如此的平常，但又是如此的非凡——那就是它的美所在！光引起我两方面的兴趣——科学家和艺术家敏感的一面。不管怎么说，在开始测验之前，我祝你好运！

信封发光的秘密

需要准备的东西：

一个自己封起来的信封
（你不必用嘴舔）

黑屋子

做法：

1. 把你自己关在一间黑洞洞的房间里，封上信封。

2. 直到你的眼睛适应了这种黑暗。

3. 以你最快的速度撕开信封的封口。（别担心，我试过了好几次才成功……）

你注意到了什么：

（答）案

你会看到一个神秘的发光物。你用力撕开信封的封口，这个力会使粘住封口的胶水的原子获得热能，它们的电子以发光的形式释放能量。

撕！

有关光的恶作剧

需要准备的东西：

 一只明亮的手电筒

 一面镜子

 一位朋友（我的一个同事帮我）

做法：

1. 一直等到天黑并确信窗帘没拉上，藏在窗户对面的一个角落里。

2. 让你的朋友拿着镜子，并让光能反射到窗户上。你可以用手电照到镜子上，看光反射到哪里，来确定你的朋友应该站在哪里。

3. 用手电从下颚往上照你的脸，并做个可怕的鬼脸，站在这里——你脸上发出的光能反射到镜子的地方。

你注意到了什么：

 答案

一张幽灵的脸出现在窗户上——你用眼睛的余光可以看到它。实际上，光从你的脸上反射到镜子上，又从镜子上反射到窗户上，然后返回房间。

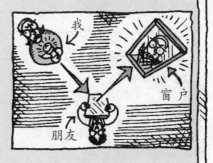

157

继续 ➡

可怕的家庭警告！

不要用这个去吓你的小弟弟或小妹妹，好吗？如果你这样做了，你将不得不"面对"随后的……

拇指间的光线

需要准备的东西：

两根大拇指（如果它们是你自己的最好了）

光源（一扇明亮的窗户就行）

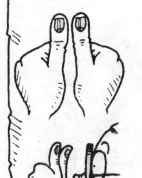

做法：

　　1. 把两根大拇指并排放在一块儿，并让指甲盖朝向你，两个大拇指相距3毫米。

　　2. 举起拇指，直到你能从你的拇指缝之间看到光线，它们距你的脸大约为5厘米。

你注意到了什么：

答案

　　细线出现在你的拇指之间，如果你意识到它们是光产生的，那么，你就答对了（对不起，只是个玩笑：是我的艺术家的一面在作怪）。

继续

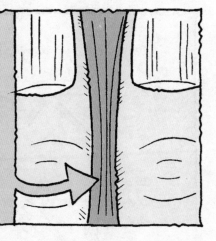

实际上，这些线是由于来自不同方向的光波挡住了彼此的路，并遮住了对方造成的。我希望你能喜欢我画的画——如果我自己这么说，那不仅仅是我有丰富的艺术想象力。

现在请记住这些线，因为下一个故事中讲的是某位出生于波兰的美国天文学家，曾经花费了数年时间试图研究光。他的名字叫阿尔伯特·迈克尔逊（1852—1931），他试图用光来了解外太空。这是他的日记……嗯，它可能只是赝品……

1881年

外太空？它的确令我无可奈何！我想知道太空里到底有什么，可我不能到那里去看看，因为还没人发明太空火箭。我揣测太空中应该充满某种东西，我认为是以太——一种还没人发现的奇怪的气体。但是我已做了一个实验证明那种以太的存在。它有点复杂，于是我用草图把它画了出来。

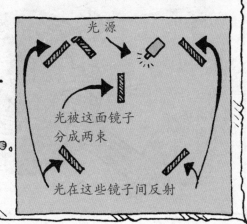

光源

光被这面镜子
分成两束

光在这些镜子间反射

159

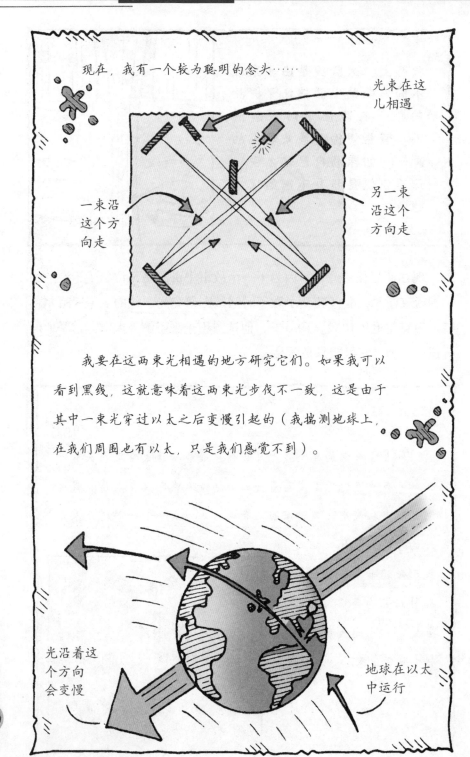

现在，我有一个较为聪明的念头……

光束在这儿相遇

一束沿这个方向走

另一束沿这个方向走

我要在这两束光相遇的地方研究它们。如果我可以看到黑线，这就意味着这两束光步伐不一致，这是由于其中一束光穿过以太之后变慢引起的（我揣测地球上，在我们周围也有以太，只是我们感觉不到）。

光沿着这个方向会变慢

地球在以太中运行

太好了！我要向我的非常富有的科学同伴亚历山大·格雷厄姆说声："太感谢你了，我的伙计！"是他为我的实验提供了资金。现在打开灯来看看那些黑线，它们在哪里？见鬼，我根本就看不到它们！唉！好吧，我不得不重新设置一下，万一镜子的位置有小小的偏差就可能导致我看不到这些线。

呃，费劲！

1887年

我已经把这个实验做了1000多次了，但我依然什么都看不到！没有！什么都没有！我不能理解。光速减少一点点我的仪器都能检测出来，相当于4000千米相差1毫米的程度。

那么讨厌的以太跑哪儿去了？我都要烦死了，不过我还会继续下去的。

迈克尔逊，在他的朋友爱德华·默勒（1838—1923）的帮助下，重复了数千次实验，但是他依然什么都没看到——我觉得对他来说那是很残忍的！他看不到那些线很好解释：因为它根本就不存在！正如1905年科学家阿尔伯特·爱因斯坦所意识到的那样，以太根本就不存在。但你不必像爱因斯坦那样意识到，因为实验已经明确告诉科学家们了。

那么，如果一个实验让你举步维艰时，你能知道它的结果吗？这儿有对布热芙实验记录本的独家窥视，你自己随便试着做几个实验。

布热芙教授的最伟大的实验

教授（就是我）

光、电、磁都是迷人的电磁现象。我经常做这些发出光的实验。是的，我们科学家一旦有机会就喜欢放松一下——我个人喜欢绘画！

科学注释

科学家把产生光、电、磁的能量叫作电磁能（电——"磁——能）。

莫名奇妙的颜色

需要准备的东西：

一个果酱瓶

一些橄榄油

一把尺子

一些蓝色的漱口水，或滴有3滴蓝色食用色素的水

做法：

1. 往果酱瓶里倒漱口水直至深达5厘米。

2. 接着倒入橄榄油，直到油层厚度达0.5厘米——油漂浮在漱口水上。

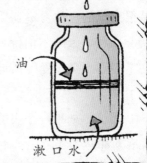

油

漱口水

3. 盖上盖子摇匀，并将其置于阳光下。

摇！

绿色！

结果：

溶液变成绿色，过了几分钟，黄色的橄榄油又出现在了蓝色液体的上面。

点评：

阳光里包含有彩虹的所有颜色。橄榄油和漱口水混在一起变成了绿色溶液，是因为它们的原子只允许黄色和蓝色光通过。当黄色光和蓝色光结合在一起时就是绿色光，这就是我所看到的。我本该把这个混合物倒掉，但我把它留了下来，后来我把它当成调味料，来调莴苣色拉了。讨厌！

看到幽灵的机会

需要准备的东西：

一个至少12厘米宽，17.5厘米长，12厘米高的盒子

一张印有坟墓或废墟的明信片（我从一本杂志上剪了一张，但作为一名准艺术家，我要自己画，它有17.5厘米长，12厘米高）

一根细的长绳子（花店用的那种绳子最好了）

继续

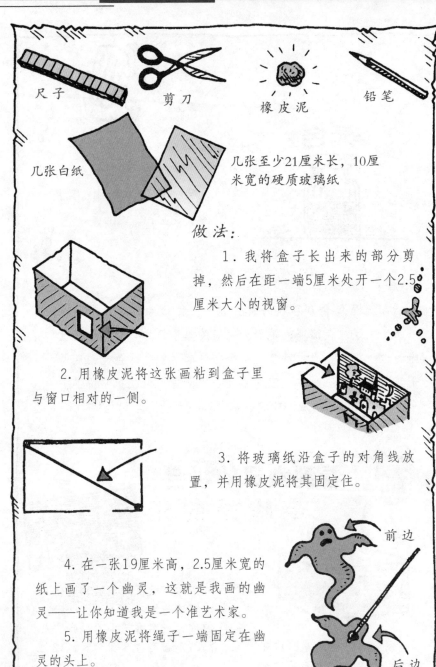

尺子　　　　剪刀　　　　橡皮泥　　　铅笔

几张白纸

几张至少21厘米长，10厘米宽的硬质玻璃纸

做法：

1. 我将盒子长出来的部分剪掉，然后在距一端5厘米处开一个2.5厘米大小的视窗。

2. 用橡皮泥将这张画粘到盒子里与窗口相对的一侧。

3. 将玻璃纸沿盒子的对角线放置，并用橡皮泥将其固定住。

前边

后边

4. 在一张19厘米高，2.5厘米宽的纸上画了一个幽灵，这就是我画的幽灵——让你知道我是一个准艺术家。

5. 用橡皮泥将绳子一端固定在幽灵的头上。

6. 现在是非常有趣的部分，将一束亮光从盒子的顶部射入。

实际上这并不是必不可少的，我本可以将它放到窗户旁边，然后提着绳子，将幽灵从盒子敞开的顶部吊进去，我从视窗看过去，看到了……

结果：

    一个透明的幽灵在坟场上飘荡。当然，幽灵是不可信的，但这依然是一个迷人的实验。

点评：

    这个幻像叫胡椒幽灵，是维多利亚时代的科学家发明的。光从幽灵图上反射出来，反射到玻璃纸上。按我们科学家的说法，玻璃纸是透明的，这就使得幽灵的投影也是透明的。

会作画的光

需要准备的东西：

放大镜

干净的纸

一扇装有黑色窗帘的窗户和户外阳光明媚的好天气

做法：

    1. 拉上窗帘，只允许少量光线通过。

继续

2. 在窗前的一张桌子上放上一张纸。

3. 然后把放大镜放在窗帘的缝隙前，调整位置使阳光能照到纸上。

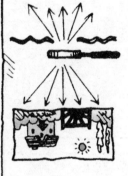

结果：

　　一张彩色的室外景色图出现在纸上——这很不简单。我不得不调整放大镜的位置：移动放大镜使它离纸近些或是远些，直到图片聚焦。

点评：

　　放大镜的镜片将从外面射进来的光线折射到纸上，光线是如此的明亮，以至于形成了一幅画。

模拟有光喷泉

需要准备的东西：

一个果酱瓶

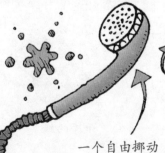

一个自由挪动的淋浴喷头

一只小手电筒

一块海绵

做法：

1. 一直等到天黑。

2.打开手电,将其头朝下放入果酱瓶里,然后将一块干的海绵也塞入果酱瓶,使手电牢固固定,然后盖上盖子。

3.接着走进浴室,打开喷头,使水流缓和。然后关上灯。

可怕的肮脏警告!

只能在浴缸里或澡盆里用淋浴器——千万别把浴室给淹了,否则你爸妈的泪水会如倾盆大雨般流下。

可怕的危险警告!

不要用湿手去按开关,否则,你会触电!

4.一手向上拿着淋浴器的喷头让流出的水形成喷泉,一手将果酱瓶放在淋浴器喷头的下面,使光从下面往上照。接着我不小心把淋浴器的喷头掉到了地上,弄得浑身都是水——我真够笨的!

哦!

结果:

从淋浴器中流出的水变成了一个光的喷泉。

点评:

光在每一股水流之间反射,使它发光。

167

继续

科学注释

这就是光纤电话线工作的原理，你的话被转换成激光脉冲，它以光的速度

在光缆里被反射。记住，光是很快的，所以你可以以最快的速度与别人取得联系。话机将光脉冲转换成电信号，再转换成你朋友聊天的声音……

说起电信号，你准备好做实验了吗？

改变世界的电磁实验档案

名 字：磁和电

基本事实：

1. 还记得第162页的注释吗？磁和电是同样的力——电磁力。是的，如果你在一堂科学课里将它说出来，所有人都会认为你是天才。

磁和电是同一种力。

哎哟！太聪明了！

天才！

2. 一般情况下，力从原子的各个方向散射出去，它很弱。但在磁铁里，磁铁里的原子形成了叫磁畴的小单元。按这种组合方式，电子产生的力沿一个方向排列并逐渐变大，我们把这叫作磁力。

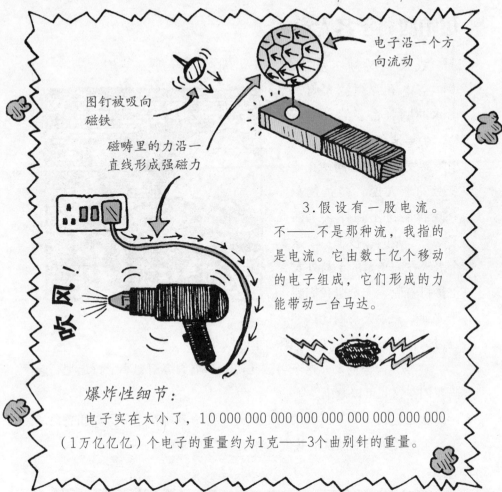

电子沿一个方向流动

图钉被吸向磁铁

磁畴里的力沿一直线形成强磁力

吸风！

3.假设有一股电流。不——不是那种流，我指的是电流。它由数十亿个移动的电子组成，它们形成的力能带动一台马达。

爆炸性细节：

电子实在太小了，10 000 000 000 000 000 000 000 000 000（1万亿亿亿）个电子的重量约为1克——3个曲别针的重量。

电科学中的一项最伟大的发现，是由一名被人遗忘的科学家完成的。他是如此的没有名气，以至于当他的墓碑消失的时候，没人感到不安。那么他叫什么名字？

嗯——我忘了！

啊！对了！就是他！

威廉·斯特尔基！

可怕的科学名人堂

威廉·斯特尔基（1783—1850）　国籍：英国

空中下着倾盆大雨，雨水冲刷着古老的大卫石桥。少年站在桥下，在寒风中瑟瑟发抖。他转向站在他身旁的老人说："爸爸，今晚我们讨不到什么东西了。""是的，孩子！"这个老人在它单薄的毛料外衣下颤抖着说，"希望我们能平安到家，今天我们什么都没讨到，你不得不饿着肚子睡觉了。"

"等等，爸爸"，这个男孩儿说，"咱们等雨变小了再走吧，起码我们在这儿可以避雨。"

就在这时，一个巨大的闪电照亮了整个乡村和这个男孩儿苍白的脸，雨水轻拍着他散乱的头发。然后一切重归黑暗。

"哎哟！"他深吸了一口气，忘记了寒冷、疲惫和饥饿。"看那闪电——它到底从哪儿来？"

"来自乌云啊，你这个傻瓜！"大人说。

"是的，爸爸。但真是这么回事吗？等我长大了，我要找出有关电的所有奥秘。"一个巨大的雷声好像震动了这座老石桥。这个人笑了。

"别傻了！你当科学家？你是一个穷皮匠的儿子，你没书可读，只能靠偷鸡摸狗结束余生。"

接着是一阵沉寂，只有雨声和风暴的咆哮声。

"我知道！"孩子说，"但是我会做到的。"他的嘴唇绷成了一条细而坚毅的线。那，据说就是年轻的威廉·斯特尔基决定成为一名科学家并研究电的过程。人们早就知道闪电是巨大的电火花，但没人确切地知道它是怎么形成的，以及电力是否可以用来做功。

威廉以一名普通士兵的身份参军了，但他并没有忘记他的兴趣是电。他从军官们那里借来科学书籍，作为回报，他给他们修鞋——用他爸爸教给他的技术。在他离开军队时，威廉决定实现他的梦想，并开始研究电。但他发现他不能成为教授，因为他从来没有上过学。（是的，上学确实有它的好处！）

于是威廉游荡于乡间，靠做有关电的报告和实验挣钱。有时候他一文不名，只能忍饥挨饿，风餐露宿。

今晚
威廉·斯特尔基先生作
电的报告
（仅收一点费用）

但是，1823年，威廉有了一个令人惊奇的发现。他喜欢修理电线和电池，他将一根电线缠在马掌上。他打开电源，马掌变成了一个强力磁铁——他发明了一个叫电磁铁的装置。他用电磁铁制造出了一个电动马达，马达带动金属轴不停地转。

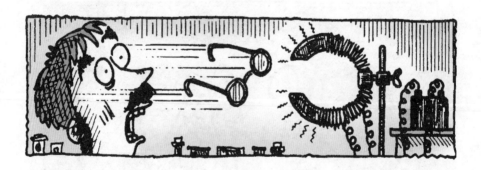

这些发明没有给威廉带来多少钱。人们看不到这些奇怪的机器的用处。这名科学家继续四处游荡作报告挣钱。后来他死了，被埋在一个下等人的墓地里，并很快被世人遗忘。但是一百年之后，科学家发现了电磁铁的许多新用途，如今从CD播放器到洗衣机、真空吸尘器和电冰箱等电器和发电机中，都能找到电磁铁。

如果威廉·斯特尔基今天还活着，他会成为亿万富翁，但所有的一切对他来说都太迟了。他的坟前甚至没有墓碑，因为墓地管理员将他的墓碑挪走，然后扔到一边儿去了。

有时，科学会非常地不公平！

那么，你能做出一项像威廉·斯特尔基那样的发明吗？为什么不仔细考虑自己制作电磁铁？你会在布热芙教授的笔记本里，找到所有需要的设备……

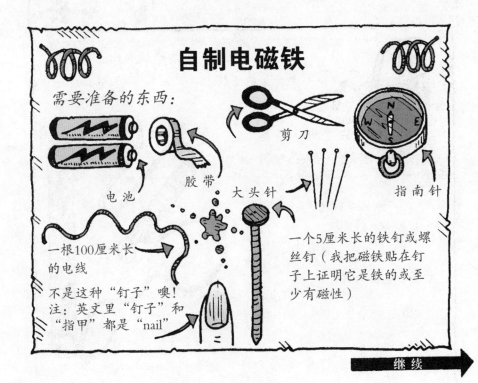

173

继续 ➡

做法：

1. 把这两个电池像右边那样粘到一起。

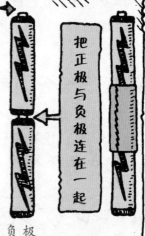

正极

把正极与负极连在一起

负极

0.5厘米

2. 然后将电线两头的塑料皮剥去0.5厘米，好让里面的铜线露出来。

可怕的危险警告！

这需要一把锋利的小刀。你必须让大人帮你把塑料皮剥去，否则，你可能会吃苦头。

3. 用另外一段胶带将电线的一端粘到电池的正极。

4. 接着将电线牢牢地缠在整个钉子上——并缠两次。

5. 将电线的另外一头粘在电池的负极。

6. 在指南针旁边前后移动缠了电线的铁钉。

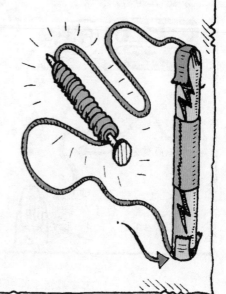

转！

结果：

　　啊——正如我所料！我没有动它，指南针的指针就开始前后摆动了。

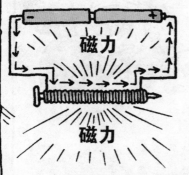

磁力

磁力

点评：

　　通过用电线将电池两端相连，我完成了一个我们科学家所说的回路，电就可以流通（它从负极流向正极）。电力和磁力是相同的力，所以电流也会产生磁力。密密缠绕的电线意味着磁力足够大，能够影响到指南针的磁力指针，并且足以把大头针吸起来。多么令人满意的实验啊！

气 泡 问 题

需要准备的东西：

一些易起泡的混合物

一根吸管

小启示

　　为什么不配一些第87页提到的，伯金斯小姐使用过的混合物呢？

继续 ➡

一个气球

一件羊毛套衫或一块地毯，或一只尼龙长筒袜

做法：

1. 将气球吹起来，系上口，然后在羊毛套衫上摩擦20次。

20次

2. 用吸管的一头搅拌混合液，然后从另一头吹，这样吹出一个大大的气泡——但不要将气泡吹离吸管。

3. 然后拿着吸管，使气泡离气球2厘米。

结果：

气泡离气球近的一端凸向气球。

酷！

点评：

这是一个有关负电荷和正电荷的实验。这是一个迷人的课题。正如我在有关该课题的报告中所说……

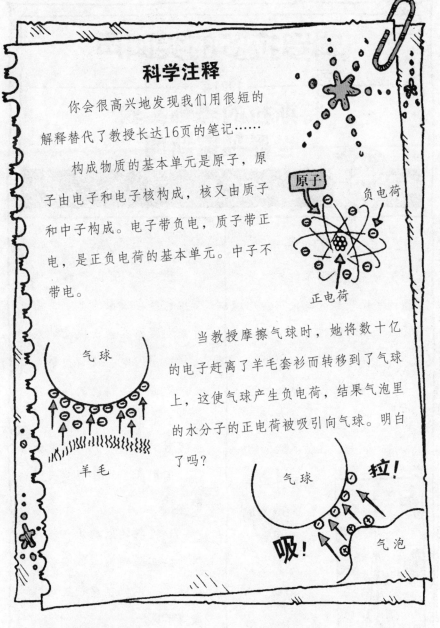

科学注释

你会很高兴地发现我们用很短的解释替代了教授长达16页的笔记……

构成物质的基本单元是原子，原子由电子和电子核构成，核又由质子和中子构成。电子带负电，质子带正电，是正负电荷的基本单元。中子不带电。

当教授摩擦气球时，她将数十亿的电子赶离了羊毛套衫而转移到了气球上，这使气球产生负电荷，结果气泡里的水分子的正电荷被吸引向气球。明白了吗？

你的实验进展如何？

但愿你没有被这些电实验吓住。但是如果你做了下一个故事里的实验，你会被吓得毛骨悚然，就好像怒发冲冠的豪猪一样。

是的，继续读，这是一则令人毛骨悚然的故事……

科罗拉多的尖叫声

1901年

特斯拉的恐怖实验
世界独家新闻

作者：哈·基海克（首席通讯记者）

今天，《克拉里昂报》彻底地揭示了科罗拉多城的居民看到的电火花，是因科学实验引起的。

正如我们所知道的，本地居民尼古拉·特斯拉因发明了一种新的电动马达而闻名。但是，在他实验室的

屋顶出现一个高60米的天线之后，他成了本地流言的主角。随后就出现了上周惊人的闪电现象。

现在我们可以透露，特斯拉已经在很深的地下，通过激发强烈的电击成功地人为制造出闪电。特斯拉解释说："通过在精确的间隔之间产生电击，你可以聚集一束强烈的电脉冲，它沿着天线以闪电的形式释放到云层中。"

这名科学家承认，他在纽约的实验室因类似实验被烧掉了。但他在克拉里昂却取得了成功。

"非常安全！"他说着递给我一双底儿有7.6厘米厚

的橡胶鞋。

　　"但是在这个实验室，你最好还是穿上它们，可以绝缘。如果你碰一下地面，当它是带电时，你就有可能致残。"这名发明家按动了一个开关，巨大的电动圈嗡嗡地转动起来，像一只凶猛的野兽一样咆哮着。周围布满了电线，噼噼啪啪作响。

据特斯拉讲，电波在1800米的地下涌动。空中弥漫着嗡嗡声和咝咝声。"现在开始

第一次闪电！"特斯拉在嘈杂声中大喊道。一声噼啪巨响之后，实验室被从天花板

的玻璃镶板中发出的极亮的电火花照亮。闪电在天线的顶端发出光芒，整个建筑被巨大的闪电产生的霹雳声所震颤，然后突然周围一片漆黑，"该死！"特斯拉吼叫着。我划了一根火柴，看到发明家用手抱着头。"我电着了电场。"他呻吟着。我向他许诺，我会把他的工作告诉全世界并为他辩护。我恨不得立马从那儿逃出去。毫无疑问，特斯拉是一名伟大的科学家，但也是一个非常危险的家伙，无论如何也不能和他作邻居。

你肯定不知道！

1908年在西伯利亚的通古斯，发生了一次神秘的大爆炸：数千平方公里的森林被这次爆炸夷为平地。科学家认为是一颗彗星撞上了地球。但是说来奇怪，几个月前，特斯拉宣称他已经发明了一种死亡射线，他将在北极附近试验。是巧合吗？好吧，到那时为止，特斯拉是一名疯狂地发表了各种野蛮言论的老人。但是一些人认为，这次爆炸是特斯拉的最具爆炸性的实验……

有一件事是肯定的，实验正极大地改变着我们的世界。它们会对我们的未来产生爆炸性影响。如果你想知道今天的哪些发明能适合于你的未来，你最好马上转入下一章！

尾声：一个爆炸性的明天

在我们进入未来之前，让我们回头看看这个怪异的、粗野的、古怪的、令人惊奇的实验世界。

一些实验规模巨大、声音洪大，另外一些实验则规模很小，声音甚至比小老鼠的"吱吱声"还小。实验者们都很大无畏……否则，他们就是在愚弄自己？

非常勇敢（或者应该说是愚蠢）的实验者

科学家皮埃尔·居里（1859—1906）和玛丽·居里（1867—1934）对放射性很着迷，他们发现了两种当时人们并不知晓的放射性物质——镭和钋。

好奇怪的表达方式

注："radioactivity"是"放射性"之意。"radio"有"收音机、放射"之意，activity是"节目、活动"之意。

答案

不！放射性是某些类型的原子随时间而消失的形式。这些原子以光和高能射线的形式，逐渐地丢失能量而分裂掉。

皮埃尔·居里想知道放射性对皮肤有什么影响，因此他进行了一个危险的实验。这是他实验室笔记所记录的……

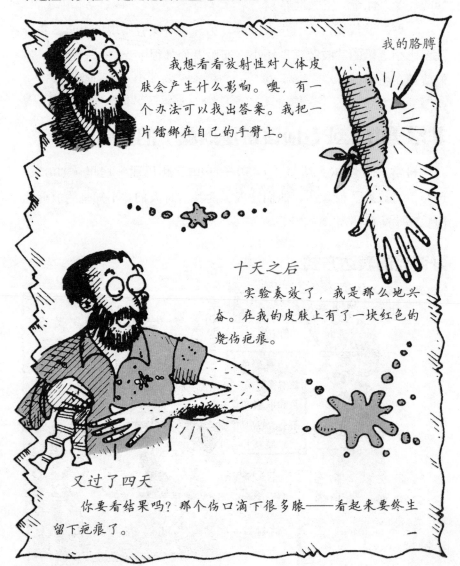

我的胳膊

我想看看放射性对人体皮肤会产生什么影响。噢，有一个办法可以找出答案。我把一片镭绑在自己的手臂上。

十天之后

实验奏效了，我是那么地兴奋。在我的皮肤上有了一块红色的烧伤疤痕。

又过了四天

你要看结果吗？那个伤口滴下很多脓——看起来要终生留下疤痕了。

幸运的是，居里没有吞下镭，否则他就会患有放射性疾病了！一些科学家在他们的实验中表现出愚蠢的勇敢，而另外一些科学家则是真的愚蠢。

一个愚弄自己的实验者

让我们想象一下1906年前后的科学电视节目。

令人作呕的曝光者

　　伍德是对的，布隆德洛是错的。布隆德洛不顾一切地想发现一种新类型的射线并想象出实际并不存在的效应。进一步的实验证明"N射线"并不存在。这个失败的实验毁了布隆德洛整个一生。他放弃了工作，像个可怜的老人，整日在外面流浪。

未来会怎样呢?

今天，科学家们正进行着比以往多得多的实验，并且其中一些实验可能对我们的生活产生很大影响。例如，日本科学家发明了能提高记忆力的化学口香糖。

这听起来真的很重要，并且我愿意告诉你更多的细节，但是……我不记得了。

2000年，美国普林斯顿的科学家通过实验发现把一个激光脉冲通入铯气室，结果这束光通过这个名为铯的气体云时的速度，比通过真空时快。结果，他们在看到脉冲尾巴还未进入铯气室，前沿却已从另一端出来了，看起来就如激光还未进入气室却已从气室中出来的感觉。简直太奇妙了！想象一下，在你还没通过学校大门时，却看到自己离开了学校！

但是，这个发现并没有缩短课时，如果那样的话就真的打破科学规律了。

与此同时，中国科学家已经找到怎样从污水中提取出爆炸性氢气，并使之燃烧来获得能量。

你可能不同意这个想法，但是在几年内你家盥洗室里的东西将加热你的房间。（对于一个链式反应来说有什么奇怪的！）

在我们谈论未来的同时，想一想实验怎样可以重新塑造我们的未来……

未来的医学和生物学

在医学和生物学方面令人兴奋的实验大多是有关"基因"（如果你认为"基因"是洗了N遍看起来已褪色的裤子的话，请看第71页）的。2000年在破译人类基因密码之后，科学家们正试图找到这些基因对我们人体有什么作用，这意味着将人类的基因注入到动物的细胞中，看会发生什么？与此同时，生物学家将研究动物的基因是怎样工作的。这个信息将帮助科学家们发明新的基因药物，来修补人体内有害的基因。

未来的化学

德国和美国的科学家正在利用超级计算机来预言化学实验的结

果。这个程序包含有数以百万计的反应，可以利用这些信息，来告诉科学家合成相似化学物质的可能结果。

　　但是，很遗憾地告诉你，这些计算机对你的自然科学家庭作业毫无帮助。

未来的物理学

　　物理是处理力和能量——像磁、光、电等的科学。（拉兹教授、旺达·维耶和布热芙教授对被称做物理学家都很自豪。）物理学家对怪异的话题，如原子是由什么组成的和太空中存在的黑洞等很着迷。

将来，物理学家可能会在地球上造一个黑洞，但一些人担心如果事情变糟，黑洞将吃掉我们的星球！大多数科学家会嘲笑那些胆小鬼……

我们不能确信科学家们接着会发现什么，也不能确信哪些实验将导致大的发明。但是，有一点是肯定的：实验是人类揭开生命之谜、世界之谜，乃至宇宙之谜的最有效的方法。需要提醒你的是，科学家们永远不可能解释所有的事情。你知道，一个好的实验会提出新的问题，并需要更多的实验来回答！（是的，你猜对了！）

科学是对未知世界永无止境的旅行，实验像是照亮通向远处黑暗中的灯。如果你认识到实验有可怕的挫折、恐怖与离奇，那么你对了，就是这样！

但是，实验也带来可怕的兴奋、可怕的吃惊和可怕的好笑。噢，我想那就是你的"可怕的科学"！

"经典科学"系列（26册）

肚子里的恶心事儿
丑陋的虫子
显微镜下的怪物
动物惊奇
植物的咒语
臭屁的大脑
神奇的肢体碎片
身体使用手册
杀人疾病全记录
进化之谜
时间揭秘
触电惊魂
力的惊险故事
声音的魔力
神秘莫测的光
能量怪物
化学也疯狂
受苦受难的科学家
改变世界的科学实验
魔鬼头脑训练营
"末日"来临
鏖战飞行
目瞪口呆话发明
动物的狩猎绝招
恐怖的实验
致命毒药

"经典数学"系列（12册）

要命的数学
特别要命的数学
绝望的分数
你真的会＋－×÷吗
数字——破解万物的钥匙
逃不出的怪圈——圆和其他图形
寻找你的幸运星——概率的秘密
测来测去——长度、面积和体积
数学头脑训练营
玩转几何
代数任我行
超级公式

"科学新知"系列（17册）

破案术大全
墓室里的秘密
密码全攻略
外星人的疯狂旅行
魔术全揭秘
超级建筑
超能电脑
电影特技魔法秀
街上流行机器人
美妙的电影
我为音乐狂
巧克力秘闻
神奇的互联网
太空旅行记
消逝的恐龙
艺术家的魔法秀
不为人知的奥运故事

"自然探秘"系列（12册）

惊险南北极
地震了！快跑！
发威的火山
愤怒的河流
绝顶探险
杀人风暴
死亡沙漠
无情的海洋
雨林深处
勇敢者大冒险
鬼怪之湖
荒野之岛

"体验课堂"系列（4册）

体验丛林
体验沙漠
体验鲨鱼
体验宇宙

"中国特辑"系列（1册）

谁来拯救地球